真實尺寸的古生物圖鑑

中生代篇

土屋健——著

日本群馬縣立自然史博物館——監修

單希瑛——中文版審訂　張佳雯——譯

前言／享受本書閱讀之樂的方法

我想傳達的尺寸是「感覺上」，而非「數字」──《真實尺寸的古生物圖鑑系列》就是源於這樣的想法而開始。將各個時代的古生物，放在現代（生活中）的場景裡，目的就是要讓各位體驗尺寸感。

本書是繼 2019 年 6 月出版的「古生代篇」的第二本作品。雖然說是「續集」，但是兩本書的內容各自獨立。如果是「我對恐龍比較有興趣！」的朋友，可以從這一本開始入手，請放心，光看這本書也很有趣。另一方面，如果「想要藉由生命史了解生物尺寸演變」的朋友，非常推薦可以連同「古生代篇」一起閱讀。綜觀更長的時間軸，就可以觀察到古生物尺寸有何變化。

那就來談談「中生代篇」吧。

中生代，也就是「恐龍時代」，書中將有很多恐龍登場，一定能感受「恐龍果然好巨大」「什麼？竟然有這種大小的恐龍？」的具體尺寸感。但是，一定也有很多讀者認為「恐龍的尺寸，我早在博物館、恐龍展、電影裡面就知道了啊。」有這種疑慮的讀者，大可放一百二十個心。本書收錄的古生物，不是只有恐龍。除了翼龍、魚龍、蛇頸龍、滄龍之類「常見爬行動物」之外，還有鱷和鱷的親戚偽鱷類、菊石類以及哺乳類。各種古生物共襄盛舉之下，結果本書比古生代篇還多了 48 頁，請好好享用。

本系列的審訂，延續上一本「古生代篇」，依舊請到在《古生物黑皮書系列》中擔任審訂的群馬縣自然史博物館負責（中文版審訂由國立自然科學博物館地質組古生物學門助理研究員單希瑛小姐協助。本書亦是）。非常感謝他們在百忙之中提供協助。插圖是服部雅人先生的作品，設計則是《古生物黑皮書系列》的 WSB inc. 的橫山名彥先生、編輯則是技術評論社的大倉誠二先生。

中生代篇也請大家好好體驗融入現代場景的古生物尺寸。

不過古生物尺寸來自化石研究分析，資料不同也有所差異，本書是採用其中「代表性尺寸」。本來生物就會有「個體差異」，嚴格來說沒有所謂的「尺寸」資料。本書是希望大家能簡單輕鬆地體驗到尺寸「感」，為了更平易近人，解說的部分多少（？）帶點「玩心」。共計 118 張的「現代場景插圖」，其中 30 張除了主要的古生物之外，還混入其他「等比例尺寸」的古生物。到底有哪些古生物躲在裡面呢？請務必前後對照比較，體驗「看看哪裡不一樣」的樂趣。

另外，全書的古生物都融入現代場景中，所以去除了水棲、陸棲的制約。例如實際上水棲的古生物，也會有出現在陸地上的狀況，還請特別注意。有關正確的生態，請參考旁邊「○○○紀的大海」（簡略）的生態插圖。

能輕鬆掌握古生物尺寸系列第二本書，這次也敬請期待。

非常感謝您展閱本書。
請享受愉悅的閱讀時光。

土屋 健

Contents

三疊紀 Triassic period

「**中生代**」以「恐龍時代」而廣為人知。但是實際上「大家習以為常的巨型恐龍」是在中生代中期的侏羅紀才現身。中生代最早期的三疊紀，恐龍的數量沒有那麼多，體型也沒有那麼大。

在即將進入三疊紀之前，發生了史上空前絕後的大滅絕事件。三疊紀的生態系就是建築在大滅絕後的復甦上。推測復甦程度的指標，就是大型掠食者，也就是「生態金字塔頂端生物」的出現。大滅絕之後，什麼時候才有金字塔頂端的生物出現？這也是三疊紀生物精采之處。

還有，在大滅絕之前稱霸陸地的單孔類爬行動物，在事件之後變得如何？請透過本書來關注牠們的「尺寸變遷」。

Lystrosaurus murrayi

莫氏水龍獸

三疊紀的陸地

分類	單孔類 獸孔類
產地	南非 印度
體長	1 公尺左右

三疊紀
約 2 億 5200 萬年前～約 2 億 100 萬年前

正面　　　　　側面

風和日麗。這樣的好天氣，讓人想要在戶外悠哉睡個午覺。一邊小憩一邊聽著音樂，一隻莫氏水龍獸（*Lystrosaurus murrayi*）緩緩地走來。牠找了個暖陽處，迷迷糊糊的打起盹兒。

圓嘟嘟的身形，矮胖四肢，短吻。雖然有長長的犬齒，但並不尖銳，有股說不上來的可愛。

在現實世界中，水龍獸是具有多重「意義」的重要物種。

水龍獸這個屬含括好幾個種，但其中只有莫氏水龍獸的化石出現於相隔甚遠的南非與印度。整個水龍獸屬則在南極大陸、中國、俄羅斯都有化石被發掘。

這麼廣闊的分布，可見得過去這些大陸是連在一起（水龍獸怎麼看也不像是能夠長距離游泳橫越各大洋）。這一大片陸地稱為盤古大陸（Pangaea）。也就是說水龍獸可以說是見證盤古大陸存在的「證人」。

此外，水龍獸也成功度過二疊紀末期史上最嚴重的大滅絕事件。究竟是如何劫後餘生，目前還不得而知。

Triadobatrachus massinoti

馬氏三疊蛙

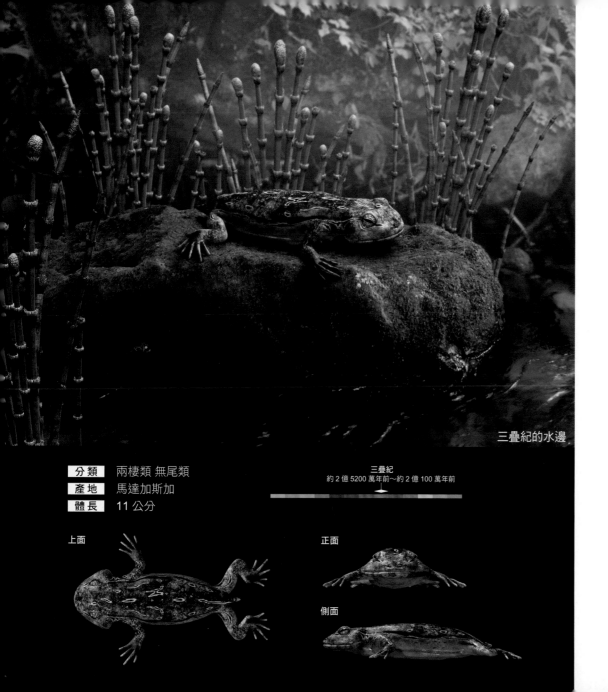

三疊紀的水邊

分類	兩棲類 無尾類
產地	馬達加斯加
體長	11 公分

三疊紀
約 2 億 5200 萬年前～約 2 億 100 萬年前

上面

正面

側面

有隻青蛙和貓咪怒目而視。

……是青蛙嗎？……是青蛙沒錯。大小跟牛蛙差不多……。

但是……就是有哪裡不一樣！

你發現到差異之處嗎？

請跟貓咪一起好好盯著這隻青蛙瞧。

明顯的差異處有兩個。

第一個是後腳。一般而言，青蛙的後腳都比前腳長，因為都是使用後腳蹦蹦跳跳。但是這隻青蛙的後腳和前腳幾乎一樣長。

再仔細看看，還會發現牠有個小小的尾巴。這就是第二個不同之處。通常青蛙沒有尾巴，所以青蛙都歸類在「無尾類」。這隻青蛙的尾巴雖然很迷你，但確實是有尾巴。

這真的是青蛙嗎？

當然是青蛙，牠的學名是馬氏三疊蛙（*Triadobatrachus massinoti*）。根據紀錄，是出現於三疊紀，目前所知「最古老的青蛙」。

也就是說，最早的青蛙是後腳短、有小尾巴，似乎無法像現在的青蛙那樣活蹦亂跳。

Utatsusaurus hataii

畑井氏歌津魚龍

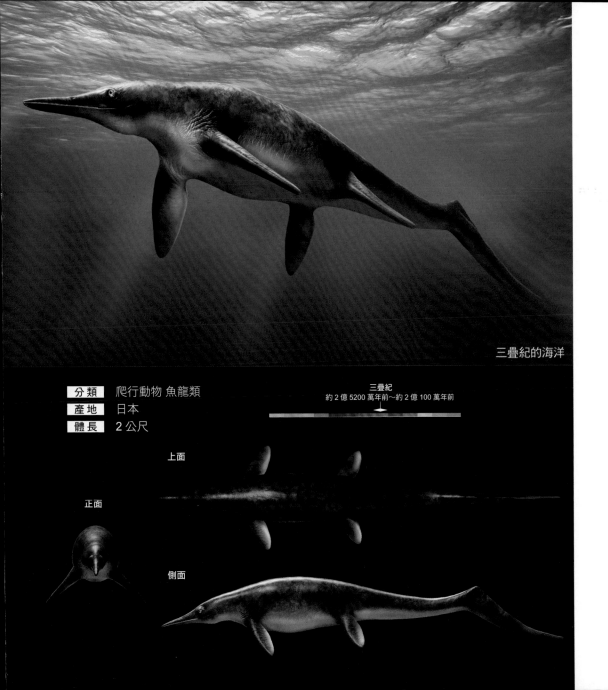

三疊紀的海洋

分類	爬行動物 魚龍類
產地	日本
體長	2 公尺

三疊紀
約 2 億 5200 萬年前～約 2 億 100 萬年前

上面

正面

側面

少女趴在一隻海豚……不，是畑井氏歌津魚龍（*Utatsusaurus hataii*）上。

歌津魚龍是魚龍類的一種。魚龍類雖然有個「龍」字，但是和恐龍屬於完全不同的動物群。魚龍類（如第 84 頁的大眼魚龍）外觀和海豚非常類似。海豚和人類都是哺乳類動物，所以與屬於爬行動物的魚龍之間，差距比哺乳類更遠。即便如此，演化的結果卻出現外形和不同類群的魚龍相似，這種現象稱之為「趨同演化」。

歌津魚龍的化石是在日本宮城縣南三陸町的舊歌津町（譯註：志津川町和歌津町於 2005 年合併為南三陸町）被發現。歌津魚龍名字裡的「Utatsu」就是日文「歌津」的讀音。

發掘歌津魚龍化石的地層，年代是中生代三疊紀初期約 2 億 4800 萬年前。

根據「紀錄」，三疊紀前一個地質年代──古生代二疊紀，曾發生史上最嚴重的生物大滅絕事件。而滅絕的生態系恢復後出現的大型海洋動物之一就是魚龍，而歌津魚龍是最早期的種類。

早期的魚龍類，身體細長，尾部還不太發達，游泳方式大概跟鰻魚差不多。

Thalattoarchon saurophagis

食蜥海霸魚龍

分類	爬行動物 魚龍類
產地	美國
體長	8.6 公尺

三疊紀
約 2 億 5200 萬年前～約 2 億 100 萬年前

側面

正面

三疊紀的海洋

在調查沉船的時候，一隻不尋常的動物游了過來。又尖又大的牙齒，健壯的下顎、流線型的身軀……說是魚又有些怪。不過可沒有時間仔細端詳，看起來就是一副掠食者的長相。現在雖然沒有要攻擊的樣子，但是我們也別刺激牠，還是往船上躲吧。

這隻來勢洶洶的動物是食蜥海霸魚龍（*Thalattoarchon saurophagis*），屬於魚龍類。

就「紀錄」而言，魚龍是在中生代登場、繁盛、滅絕的「三大海棲爬行動物類群」之一（另外兩類是蛇頸龍和滄龍）。魚龍是其中最早出現、還沒到中生代末的大滅絕就已經消逝了的類群。

食蜥海霸魚龍的化石，是發現於約 2 億 4500 萬年前的三疊紀初期的地層。「2 億 4500 萬年前」這個年代深具意義。在 2 億 5200 萬年前，三疊紀之前的古生代二疊紀末，發生空前絕後的大滅絕事件，海洋生態受到嚴重的破壞，之後不到 700 萬年，出現了食蜥海霸魚龍這種頂級掠食者。牠的出現，代表完整的生態系已經復甦。也就是說史上最嚴重的大滅絕事件之後，經過了大約 700 萬年，生態系又再恢復（姑且不論時間長短）。

Placodus gigas

巨楯齒龍

三疊紀的海洋

分類	爬行動物 楯齒龍類
產地	德國 波蘭 義大利
體長	1.5 公尺

三疊紀
約 2 億 5200 萬年前～約 2 億 100 萬年前

側面

正面

在南國的海灘上享受假期，有個奇怪的動物慢慢接近。看起來不像有攻擊性，應該沒什麼問題，就繼續悠閒的日光浴吧。

女孩看似非常安心自在，但這個動物真的「安全」嗎？

有著不明所以的肥胖身軀，還是個大暴牙，這到底是什麼生物啊？

這個有著大暴牙的動物的學名就叫巨楯齒龍（*Placodus gigas*）。

女孩之所以那麼放心，是因為具備相關知識吧。她的應對方式完全正確。楯齒龍不是「肉食性獵人」，牠通常以貝類為主食。門牙突出，是為了方便取食海底的貝殼。從這個角度雖然很難看清楚，不過牠的上顎有像是壓扁的饅頭那般的扁平牙齒，可以用來磨碎貝殼（除了進食的推斷之外，科學家也有其他的解釋）。另外，長長的尾巴也是一大特徵，在水中的推進力應該就是來自於尾巴。

巨楯齒龍屬於楯齒龍類，特色是嘴巴上顎有扁平的牙齒。根據「紀錄」，楯齒龍出現於三疊紀中期的地中海。這個類群有一定程度的繁榮，在歐洲發現好幾個不同種的化石。

Cyamodus hildegardis

希氏豆齒龍

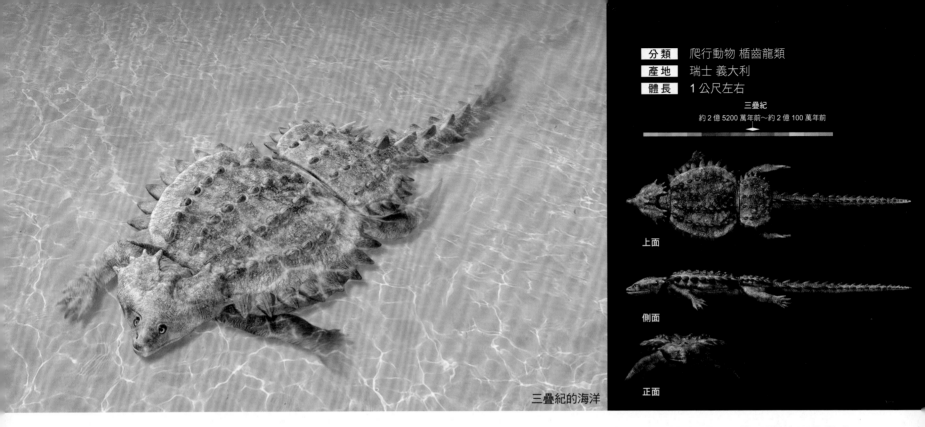

上面

側面

正面

三疊紀的海洋

　　坐墊圍著小矮桌擺放，白飯當然是裝在木飯桶裡囉……好一幅懷舊的昭和時代即景。

　　咦？昭和即景？

　　那樣自然地融入景物中，難怪一時間沒注意到，坐墊上有個怪東西！

　　扁扁平平……這應該是某一種甲殼吧？如果有甲殼，那就是烏龜之類的動物囉？

　　是這樣嗎？不對喔！這是希氏豆齒龍（Cyamodus hildegardis），不是烏龜。和第 16 頁介紹的巨楯齒龍及第 44 頁的龜面單齒龍同屬於楯齒龍類動物。

　　豆齒龍是有扁平甲殼的動物。然後……你注意到了嗎？甲殼分為前後兩片。胸部和腰部各自有發達的甲殼。

　　以龜類為代表，從古老的地質年代到現今都不乏具有甲殼或是類似構造的動物，但是前後兩片甲殼分開的卻非常少見。

　　這隻豆齒龍究竟是從哪裡混進來的？是被晚餐的香味所吸引嗎？才想著如果味噌湯裡面有海帶可以拿來餵，才發現不只是沒有味噌湯，今晚的菜色完全沒有海帶。

　　「等等喔！我現在就去廚房拿海帶給你吃喔！」

Atopodentatus unicus

獨特濾齒龍

三疊紀的海洋

分類	爬行動物
產地	中國
體長	2.8 公尺

三疊紀
約2億5200萬年前～約2億100萬年前

上面

側面

　　正在養寵物，或是曾經養過寵物的人，一定有過飼料灑到地板上的經驗。此時寵物會突然亢奮起來，在你把飼料掃起來之前，拚命想多吃一口。那，會是你掃得快，還是牠吃得快呢？決定勝負的關鍵，除了寵物的饑餓程度外，還取決於平時的管教。

　　這個家庭也一樣，孩子把裝有寵物壓縮草料的袋子弄翻了。面對灑了一地的飼料，媽媽搬出文明利器──吸塵器來幫忙。寵物獨特濾齒龍（*Atopodentatus unicus*）看到吸塵器正在吸自己的食物，露出好可惜的神色。趕忙吃了幾顆，卻被媽媽喝斥，現在乖乖地只敢在旁邊看。

　　根據「紀錄」，濾齒龍是生活在中生代三疊紀中期（稍早）的海棲爬行動物。最大的特徵就是嘴巴的前端有如吸塵器吸嘴（吸頭），嘴巴裡面還有一排外形像是雕刻刀一般的小牙齒。巧妙的使用牙齒，可以刮取黏附在海底的藻類食用。

　　海棲爬行動物，早在中生代之前的古生代二疊紀就已經登場。但是以撰寫本書時的資訊來說，濾齒龍是目前所知最古老的植食性海棲爬行動物。

Arizonasaurus babbitti

巴氏亞利桑那龍

三疊紀的陸地

分類	爬行動物 偽鱷類
產地	美國
體長	3 公尺

三疊紀
約 2 億 5200 萬年前～約 2 億 100 萬年前

正面　　　　側面

　　講究一下在草原搭起帳棚，來個親子野外共讀。太陽西下，天色漸暗，在帳篷裡藉著手電筒的燈光讀著書，多麼讓人嚮往的一幕啊！親子之間一定有很多話可以聊。

　　大概是聽到聊天的聲音太過歡樂，也想來湊熱鬧，一隻爬行動物從帳篷後方接近。

　　這隻爬行動物乍看之下會以為是恐龍，但並不是喔！牠屬於「偽鱷類」，相較於恐龍，牠應該跟鱷比較接近，學名是巴氏亞利桑那龍（*Arizonasaurus babbitti*）。

　　亞利桑那龍的特色是背部有隆起的帆狀物。此一帆狀物是從脊椎的神經棘往上延伸並排突起，上有皮膚覆蓋。神經棘並排隆起的這個特徵，與稍後上場的恐龍──棘龍相同（參照第 168 頁）。

　　亞利桑那龍的帆狀物究竟有何功用，目前尚不得而知。可能是用於吸引異性，或者是威嚇其他動物，也可能有肌肉附著，一切都要視今後的研究有什麼發現而論。

　　亞利桑那龍有尖銳的牙齒，根據「紀錄」，是三疊紀中期亞利桑那州（美國）生態系霸主。若在野外遇到這位仁兄，請不要驚動牠，趕緊走為上策。

Shringasaurus indicus

印度犄龍

三疊紀的陸地

分類	爬行動物
產地	印度
體長	3.6 公尺

三疊紀
約 2 億 5200 萬年前～約 2 億 100 萬年前

上面

正面

側面

　　不少地區耕田時都需要藉助牛的力量。在印度某些地方，大多是以牛和印度犄龍（*Shringasaurus indicus*）一起工作。兩個並肩一起走的時候，牛隻好像比較有幹勁，比起沒有印度犄龍同行來得更有效率了。

　　印度犄龍的特徵，就是位於長長脖子前方的頭頂，有兩支孤立高聳的犄角。和恐龍類（尤其是第 246 頁角龍類的直鼻角三角龍）非常相像，但是印度犄龍是非恐龍的爬行動物。由於是植食性，所以犄角被認為是用於與其他印度犄龍打鬥（如公龍爭奪母龍）。順道一提，犄龍的原文「*Shringasaurus*」，語源是來自於梵文的「犄角（shringa）」，當然是因為頭部的形狀而命名的。

　　根據「紀錄」，印度犄龍生活於中三疊世早期的印度。據悉當時還沒有恐龍類，那個時代有著像印度犄龍的爬行動物，可見得當時爬行動物相當多樣。

　　提醒一下，很可惜（？）的是，現在即使造訪印度，也應該看不到牛和印度犄龍並肩而行的風景了。

Eretmorhipis
carrolldongi

卡洛董氏槳扇龍

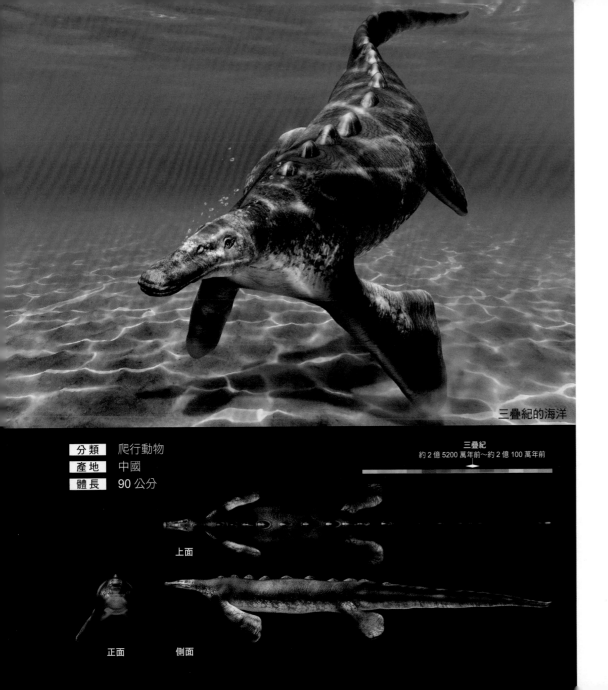

三疊紀的海洋

三疊紀
約 2 億 5200 萬年前～約 2 億 100 萬年前

上面

正面　　側面

「我釣到個怪東西囉！」

釣客給我看的的確是個「怪東西」。

四肢是寬大的鰭狀，背部有一整排肉瘤，嘴部扁平。這種扁平的嘴型，似曾相似，不是跟鴨嘴獸很像嗎?!

釣客抓在手上的動物是卡洛董氏槳扇龍（*Eretmorhipis carrolldongi*），雖然有著鴨嘴獸的外貌，但不折不扣是爬行動物。

槳扇龍的特徵，除了像鴨嘴獸的嘴之外，還有一個，就是以身體比例而言，眼睛格外的小。所以被認為生活在不太需要視力的環境，可能是光線微弱的水底，或是夜行性動物。

這樣說來，這次在傍晚就釣到槳扇龍真是稀奇。另外，由於視力差，槳扇龍的替代方案應該是用嘴部來感知。對於動物來說，嘴部的觸覺似乎可以是感知周遭的方式。

根據「紀錄」，槳扇龍是生活於早三疊世末（約 2 億 4800 萬年前）的中國，是古生代二疊紀末大滅絕事件後，僅僅過了 400 ～ 500 萬年後的世界。即便如此，海棲爬行動物已經非常多樣化，也出現了像卡洛董氏槳扇龍這種以觸覺維生的物種。

Tanystropheus longobardicus

長頸龍

三疊紀的海洋

分類	爬行動物
產地	瑞士 中國
體長	6 公尺

三疊紀
約 2 億 5200 萬年前～約 2 億 100 萬年前

上面

側面

在釣竿林立的海岸，有隻伸長了脖子的動物。

「啊！是恐龍！」

你會這麼想也無可厚非，但是這隻動物不是恐龍。

「那，是蛇頸龍！」

不對，不對喔，牠並不是蛇頸龍類喔。這個動物的學名叫作長頸龍（*Tanystropheus longobardicus*），是恐龍時代初期的爬行動物，被認為是生活在海邊或是海裡。

長頸龍修長的頸部占了體長的一半，很容易讓人聯想到同樣具有「長脖子」的「恐龍」或是「蛇頸龍」。

但是長頸龍的脖子和恐龍與蛇頸龍有截然不同之處，那就是骨頭（頸椎）的數量。如第 104 頁的馬門溪龍，頸椎有 19 節；而蛇頸龍的話，更高達 70 節。但是長頸龍卻只有 10 節，只是每一節的頸椎很長。

話說回來，長頸龍的長脖子究竟有何用途？

關於這個問題，尚未有任何「有力」的假說出現。

Keichousaurus hui

胡氏貴州龍

三疊紀的海洋

分類	爬行動物 蜥鰭類群
產地	中國
體長	30 公分

三疊紀
約 2 億 5200 萬年前～約 2 億 100 萬年前

上面

側面

和胡氏貴州龍（*Keichousaurus hui*）一起泡溫泉的時候，有幾件事務必特別注意。

首先，請準備桶子。然後在水桶內放滿水，把貴州龍放進去，再帶到浴室裡。水溫可以微溫，但是絕對不能像泡溫泉一樣會讓人流汗的熱度。要經常用手去測一下水溫，如果覺得「比體溫還要高」，那就趕緊加冷水。

貴州龍是與巨幻龍（第 32 頁）及李氏雲貴龍（第 34 頁）親緣相近的水棲爬行動物。不同於巨幻龍、李氏雲貴龍，貴州龍大多數個體都小於 30 公分，很袖珍。然而牠們彼此還是有共同點，就是「脖子很長」。短短的四肢上有清晰可見的指骨，並不像李氏雲貴龍及之後的蛇頸龍類的鰭肢。雖說如此，四肢還不夠強健到可以抵抗重力在陸地上站立，所以應該是無法生存在沒有浮力的環境。

另一方面，貴州龍以發現懷孕（體內有胎兒）個體的化石而聞名。也就是說，這種動物很明確的是胎生。這種具有「直接證據」可確認的化石絕對稀罕。在推測水棲爬行動物生態上，是非常珍貴的種類。一起洗澡的時候，一定要特別注意。

Nothosaurus giganteus

巨幻龍

三疊紀的海洋

潛水的時候，身旁有個龐然大物一起泅泳。這麼長的脖子……莫非是傳說中的蛇頸龍類……。

不對，不一樣。這個動物不是蛇頸龍，雖然同屬於蜥鰭類群，但卻是更「原始的存在」，牠的學名是巨幻龍（*Nothosaurus giganteus*）。不同於蛇頸龍類，四肢並沒特化為槳狀，只有一定程度的划水功能。

根據「紀錄」，幻龍屬是三疊紀海洋中非常繁盛的爬行動物。化石從德國、義大利等歐洲地區，到以色列、沙烏地阿拉伯、中國等地都有發現，分布範圍廣闊。幻龍屬有十幾個種，其中又以德國發現、擁有 60 公分頭骨的巨幻龍最廣為人知，推測體長約有 5 ～ 7 公尺，幻龍屬中體型巨大的應該就只有中國的張氏幻龍（*Nothosaurus zhangi*）可以相比擬（目前為止），其他的幻龍類大多3 ～ 4 公尺。

三疊紀的海洋中，超過 5 公尺的就算是大型物種。巨幻龍、張氏幻龍可說是海洋生態系中的王者。

分類	爬行動物 蜥鰭類群
產地	德國 保加利亞 義大利等
體長	5 ～ 7 公尺？

三疊紀
約 2 億 5200 萬年前～約 2 億 100 萬年前

上面

側面

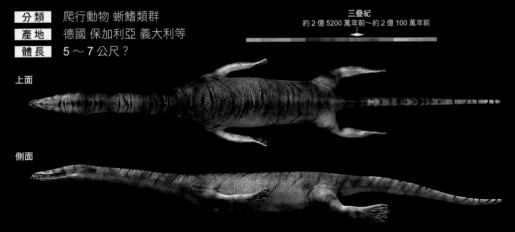

Yunguisaurus liae

李氏雲貴龍

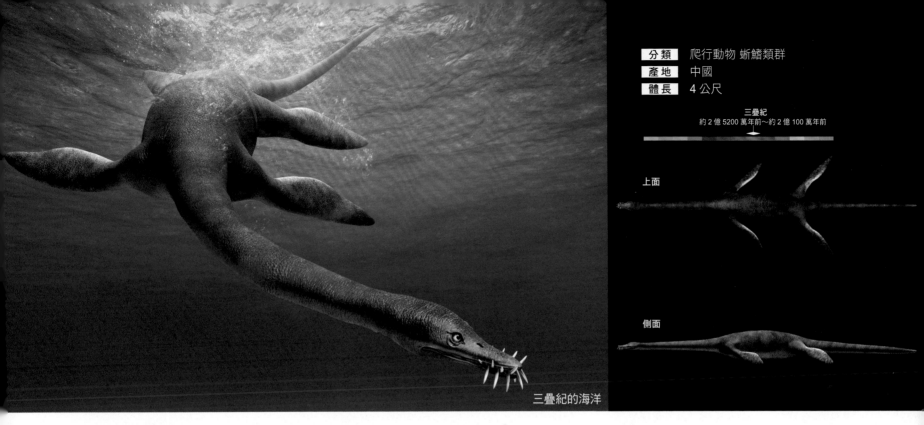

三疊紀的海洋

分類	爬行動物 蜥鰭類群
產地	中國
體長	4 公尺

三疊紀
約 2 億 5200 萬年前～約 2 億 100 萬年前

上面

側面

　　不知道從什麼時候開始，水族館、動物園都開始重視「個性化」。單純的只是把動物放進水槽或柵欄內，來客數並不會增加，所以館方不得不獨具「巧思」。

　　有家水族館就非常積極的飼養了水棲古生物，並且加以訓練，還舉辦了表演秀和體驗活動，而蔚為話題。

　　目前該水族館是把心力放在李氏雲貴龍（*Yunguisaurus liae*）的「近距離接觸體驗」。李氏雲貴龍雖然不是蛇頸龍類，但是也算是親緣相近的爬行動物之一。其他親緣相近的還有胡氏貴州龍（第 30 頁）、巨幻龍（第 32 頁），相較於這兩種龍，最大的差異在於李氏雲貴龍四肢特化為鰭狀。

　　水族館力推的這隻李氏雲貴龍個性沉穩、十分親人，也很好訓練。今天找來孩子們參加首次舉辦的「近距離接觸」體驗會，活動成功與否，光看孩子們的表情就知道，一個水族館熱門的巨星於焉誕生。

　　……不過，現實世界中並沒有這個水族館喔！在不遠的將來，或許這幕光景得以實現，不過現在即使你上窮碧落下黃泉，應該也是沒有這麼有趣的水族館存在啦。

Gerrothorax pulcherrimus

美麗童鰓螈

三疊紀河川・湖沼

分類	兩棲類
產地	德國 格陵蘭 法國等
體長	1公尺

三疊紀
約2億5200萬年前～約2億100萬年前

側面

正面

「這個您要帶上飛機嗎？」

「是的。許可證在這裡，我是牠的飼主。」

「好的，請務必小心不要讓牠引起騷動。」

在機場檢查隨身行李時，可能會出現這樣的對話……吧。

趴在輸送帶上的動物，學名是美麗童鰓螈（*Gerrothorax pulcherrimus*）。是頭部到身體都寬而扁平，四肢細小的兩棲類生物。

根據「紀錄」，童鰓螈是生存於三疊紀晚期的水棲生物。棲息於水底，或是潛伏於水底的泥巴中。

根據研究，這種動物的上顎可以打開到50度。牠可以維持躺在水底的姿勢，倏忽間捕捉游過牠頭上的魚。如果在機場看到牠，千萬不要把手伸過去。

這種「開闔功能」好像不是只用在捕食，潛伏在水底的時候也可以派上用場，是多功用的大嘴巴。

不過非常可惜，根據「紀錄」，童鰓螈似乎無法生存於陸地，因為在乾枯的水塘中，發現了集體死亡的化石。而且即使有許可證，也不能就這樣光溜溜的帶上飛機（……會黏呼呼的吧）。

*Sharovipteryx
mirabilis*

奇異沙洛維龍

三疊紀的陸地

分類	爬行動物
產地	吉爾吉斯
體長	23 公分

三疊紀
約 2 億 5200 萬年前～約 2 億 100 萬年前

上面

側面

「這邊～這邊！加油！」

順著女孩的誘導聲望去，「有東西」滑翔而來。

那一對「翅膀」吸引了眾人的目光。那並不是像鳥的翅膀那般有羽毛覆蓋，而是像蝙蝠或是翼龍一樣，有皮膜包覆，而且翅膀還長在「後腳」上。

不管是鳥類也好、蝙蝠或翼龍也罷，翅膀都在「手臂（前肢）」。鳥和蝙蝠以前肢支撐翅膀，翼龍則是除了前肢之外，翼狀皮膜還延伸到後腳，但是後腳之後就沒有翼狀構造。

這隻主翼連在後腳的珍奇動物，學名叫作奇異沙洛維龍（*Sharovipteryx mirabilis*）。「mirabilis」為「驚奇」之意，本書還收錄了其他以此為名的動物，之後可以找找看。

以現實的觀點來看，有人會質疑沙洛維龍的飛行能力，原因就在於只有後翼是否能巧妙的取得平衡。事實上沙洛維龍不只有後翼，腋下到膝蓋處還有小小的翅膀。但是光這樣是否就能穩定飛行，證據也不夠充足，而且「理論上存在」的小翅膀（化石無法證實），究竟是否確有其事也是個未知數。

Pappochelys rosinae

羅氏祖龜

三疊紀的水邊

分類	爬行動物
產地	德國
體長	20 公分

三疊紀
約 2 億 5200 萬年前～約 2 億 100 萬年前

上面

正面　　　側面

俺也想喝點東西吶～

　　杯子旁的小動物露出熱切渴望的眼神。乍看之下很像蜥蜴，但是仔細一瞧，身體比較寬胖。這隻死皮賴臉想要討飲料喝的小動物，學名為羅氏祖龜（*Pappochelys rosinae*），是被認定為龜類祖先的爬行動物。

　　龜類的初期演化在古生物學上是巨大的謎團之一。具有甲殼保護這種「防禦特化」的爬行動物類群，究竟是如何演化出來的，目前還不清楚。比較確切的資訊只有龜類於三疊紀時出現並繁榮壯大。本書在後面的篇章，也會接連介紹幾種龜類。

　　根據「紀錄」，羅氏祖龜生活於約 2 億 4000 萬年前三疊紀中期的德國。嚴格來說，牠還不算是龜類，而是接近龜類的動物。還看不到龜類的特徵——如嘴內無牙齒、有甲殼等，但腹部側邊有肋骨發達產生的「腹甲」。另一方面，背部中央有近似甲殼（背甲）的構造。

　　本書執筆之際，龜類被認為是從羅氏祖龜、始喙龜（第 46 頁）、半甲齒龜（第 48 頁）、原亮龜（第 56 頁）一路演進。這也是三疊紀非常值得一探之處，敬請期待。

　　對了，先拿點水給那隻眼巴巴想討飲料喝的羅氏祖龜吧。

Mastodonsaurus giganteus

巨蝦蟆螈

三疊紀的河川 · 湖沼

分類	兩棲類 分椎類
產地	德國
體長	6 公尺

三疊紀
約 2 億 5200 萬年前～約 2 億 100 萬年前

上面

側面

久違的一場大雨，隔天車子泥濘髒汙，想洗車又沒時間，那就只好找找看電動洗車……一邊這樣想著就來到了洗車場。

「咦，前面好像已經有客人了。」

前面的客人是頭部超過 1 公尺，體長達 6 公尺的兩棲類，學名為巨蝦蟆螈（*Mastodonsaurus giganteus*）。

如果手上有本系列的第一本書「古生代篇」，可以參照第 184 頁的大頭引螈。蝦蟆螈和大頭引螈都同屬於分椎類的兩棲類群，大頭引螈已經是大型種，但相較於蝦蟆螈就成了小可愛。畢竟蝦蟆螈是分椎類最大型種，體長是大頭引螈的 3 倍。

大頭引螈和蝦蟆螈似乎都是生態系最上層的掠食者。具有大而粗的牙齒，能緊咬不放想逃跑的獵物。

根據「紀錄」，蝦蟆螈是不折不扣的水棲動物。細長扁平的頭部上方有大大的眼睛，可能適合像現在的鱷一樣，露出水面觀察。分椎類這種兩棲類群，之後雖然也有子孫繼續繁衍，但是到白堊紀早期應該就完全滅絕了。

Henodus
chelyops

龜面單齒龍

三疊紀的淡鹹水域

分類	爬行動物 楯齒龍類
產地	德國
體長	1公尺

三疊紀
約2億5200萬年前～約2億100萬年前

側面

正面

上面

托缽歸來，行經寺廟後面水池，踏腳石竟然動了！

咦！怎麼會！？

靠近一看，原來不是踏腳石，是前幾天收留的迷途龜面單齒龍（*Henodus chelyops*），還好沒踩上去。

單齒龍是具有四方形甲殼的水棲爬行動物。乍看之下或許很像烏龜，但並不是喔！牠和第16頁的巨楯齒龍同屬於楯齒龍類，以其特異化聞名。與四方扁平的甲殼同樣具有特色的是，宛如面紙盒長方體的頭部。頭部的前端有嘴巴，但楯齒類特有的「磨碎用的平齒」付之闕如。

龜面單齒龍被認為是植食性動物。口中的牙齒排列方式和濾齒龍迥異，可能是以刮除石頭上的蘚苔為食。

根據「紀錄」，龜面單齒龍可能棲息於河海交界的淡鹹水域，這也是楯齒龍類很少見的特性。

在回想起種種相關知識之際，龜面單齒龍已經游到水池深處。

「不過，你這傢伙，把原本的踏腳石弄到哪兒去啦？」

Eorhynchochelys sinensis

中國始喙龜

三疊紀的海洋（？）

分類　爬行動物
產地　中國
體長　2.3 公尺

三疊紀
約 2 億 5200 萬年前～約 2 億 100 萬年前

上面

正面　　側面

　在平日的白天搭電車，會有很多意想不到的邂逅。

　你看吧，今天不就有一隻中國始喙龜（*Eorhynchochelys sinensis*）正在寬闊的座位上悠哉的休息嗎。如果列車客滿，這可是非常擾人的行為，但是目前車上沒有人。這時候不要去碰牠也是一種體貼吧。

　始喙龜雖然不是龜類，卻是接近龜類祖先的爬行動物。比第 40 頁介紹的羅氏祖龜更加特化，但比第 48 頁的半甲齒龜原始。具有寬闊的肋骨，不過背部和腹部沒有象徵龜類的「甲殼」。

　始喙龜「像龜」的地方是頭部。與龜類相同，嘴部最前端有喙。而且口內也有細小的牙齒。這些特徵都呈現此動物與龜類的淵源。

　根據「紀錄」，中國始喙龜生活在約 2 億 2800 萬年前的中國。這個時代比羅氏祖龜晚了 1200 萬年，與半甲齒龜差不多時期或稍晚。始喙龜究竟是水棲還是陸棲，目前還不太清楚。

　已經快到站了。即便是中午，也會有乘客，差不多該叫牠起床了吧。

Odontochelys semitestacea

半甲齒龜

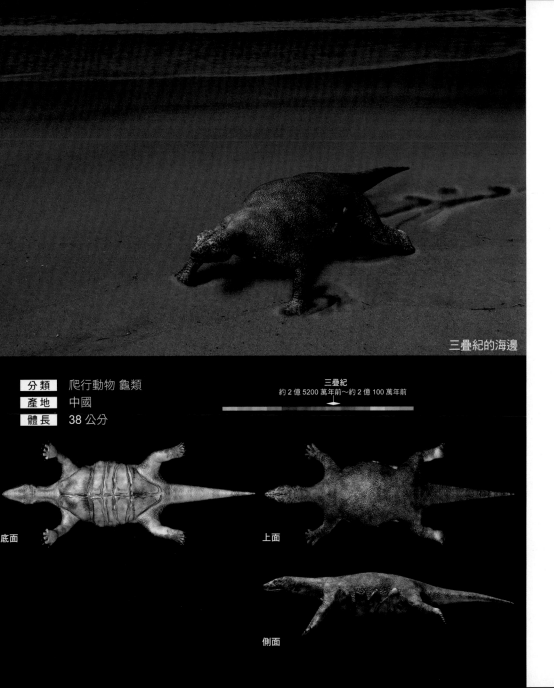

三疊紀的海邊

分類	爬行動物 龜類
產地	中國
體長	38 公分

三疊紀
約 2 億 5200 萬年前～約 2 億 100 萬年前

底面

上面

側面

今天校外教學的地點是水族館，學校可是包館一整天喔。孩子們可以找尋感興趣的動物來觀察。

小女孩選擇的觀察對象是烏龜。獲得同意後她坐在水槽邊，拿出素描本，首先要仔細觀察烏龜……這烏龜看起來不太一樣，女孩眼睛直瞅瞅地盯著……牠是半甲齒龜（*Odontochelys semitestacea*）。

女孩如此目不轉睛的主因，是半甲齒龜的背部。這隻烏龜背部沒有甲殼，但是側腹部似乎有喔。當然頭和四肢也無法縮到甲殼內。

如果繼續仔細觀察，女孩可能還會注意到半甲齒龜還有其他特徵，例如，其他的、大多數的烏龜所沒有的，口內有很多細小的牙齒。

根據「紀錄」，半甲齒龜以「最早期的烏龜」而為人所知。化石是在淺海海底地層被找到，所以發現之初被認為是水棲類。但是四肢卻沒有水棲動物的特徵，其他「最早期的烏龜」都是陸棲類，究竟半甲齒龜是否為水棲類讓人存疑。說不定透過女孩的觀察，可以找到什麼新發現。

Saurosuchus galilei

伽氏蜥鱷

三疊紀的陸地

分類	爬行動物 偽鱷類
產地	阿根廷 美國
體長	5公尺

三疊紀
約2億5200萬年前～約2億100萬年前

上面

正面　　側面

　白馬正等待著主人，不知道那裡跑來一隻很有壓迫感的爬行動物。身上的鱗片、長相……怎麼看都很像鱷，但是相較於基本上以爬行行動的鱷來說，這種爬行動物的四肢是垂直的位於身體下方，而且頭部並不扁平，看起來很像暴龍之類的相當精壯。一眼就能分辨屬於「恐怖」的肉食動物。

　雖然只有白馬一半的高度，但是那股魄力卻讓白馬不由自主別過頭去。大概因為平常訓練有素，或是因為有兩匹馬作伴，所以主人沒在馬車上也沒跑走，應該說是「很棒」還是「真不愧是……」呢？

　不管如何，目前這個距離還在可以容許的範圍，不要太去刺激對方，就好好的等主人回來，再看他怎麼指示。在這之前要好好忍耐。

　那隻接近白馬的動物，是鱷的近親類群——偽鱷類的一員，學名是伽氏蜥鱷（*Saurosuchus galilei*）。

　根據「紀錄」，蜥鱷是當時最大型的陸棲肉食性動物，那時候是偽鱷類的全盛時期，蜥鱷是其中的代表。

　在現代的街道上，蜥鱷應該不會惹事生非，所以，就安心的享受搭馬車的樂趣吧。

Desmatosuchus spurensis

棘刺鏈鱷

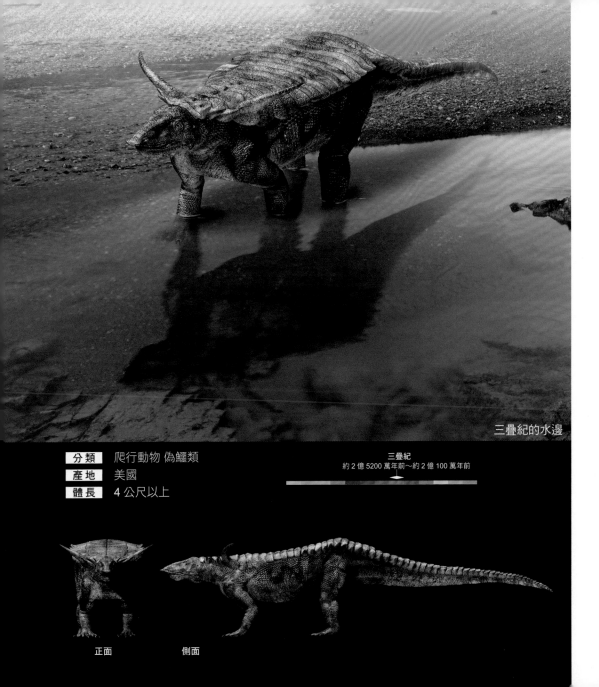

三疊紀的水邊

分類	爬行動物 偽鱷類
產地	美國
體長	4 公尺以上

三疊紀
約 2 億 5200 萬年前～約 2 億 100 萬年前

正面　　　　側面

微風和煦，陽光明麗，帶著便當到公園野餐吧。坐在長椅上準備用餐，卻發現桌子不見了！你有過這種經驗嗎？

這個時候棘刺鏈鱷（*Desmatosuchus spurensis*）就是最好的幫手。這種偽鱷類有寬闊平坦的背部，讓牠稍微彎個腰，大小恰好可以當桌子。由於是植食性動物，所以也不用擔心會吃人。略帶扁塌的鼻子有幾分可愛，很受孩子們的歡迎。

但是要特別注意的是，牠從頭部、肩膀，以及身體後半部到尾巴，左右都有突起的棘刺。尤其是肩膀的棘刺特別長，要格外小心。

有這種「棘刺武裝」在偽鱷類中也算是相當罕見。很像後面篇章會介紹的角龍類或甲龍類。

鏈鱷在偽鱷類中，屬於堅蜥類。堅蜥類的偽鱷盡是些小型種類，很多體長都在 2 公尺以下。而其中超過 4 公尺的鏈鱷，可說是「超乎規格的大」。

根據研究報告，有發現好幾種鏈鱷，相關分類還沒有定論。

Shonisaurus sikanniensis

錫坎尼秀尼魚龍

三疊紀的海洋

分類	爬行動物 魚龍類
產地	加拿大
體長	21 公尺

三疊紀
約 2 億 5200 萬年前～約 2 億 100 萬年前

正面　　　　　側面

充滿魄力的一幕在眼前展開。

原本靠近海平面的大翅鯨，現在全部一口氣往下急潛。

能夠剛好看到這個場景，實在是非常幸運。希望你欣賞的同時，也注意看看鯨魚所製造出來的水流。

……發現了嗎？大翅鯨群裡混入一隻特別大的動物。不同於大翅鯨，有著細長的吻部。

這個動物學名為錫坎尼秀尼魚龍（*Shonisaurus sikanniensis*），是史上最大型的魚龍類。

秀尼魚龍隨著成長而有不同的捕食方式，因為幼體有牙齒，成體卻沒有牙齒。很有可能成年後的秀尼魚龍是以「吸吮」獵物的方式進食。

根據「紀錄」，秀尼魚龍生活於約 2 億 1700 萬年前～約 2 億 1600 萬年前的晚三疊世。在以歌津魚龍（第 12 頁）為代表性魚龍出現後，經過了 3000 萬年，魚龍類已經繁盛到出現超過 20 公尺的超級大型種類。

此外，有一說錫坎尼秀尼魚龍不屬於秀尼魚龍屬，而是別屬的魚龍類。

Proganochelys quenstedti

昆氏原亮龜

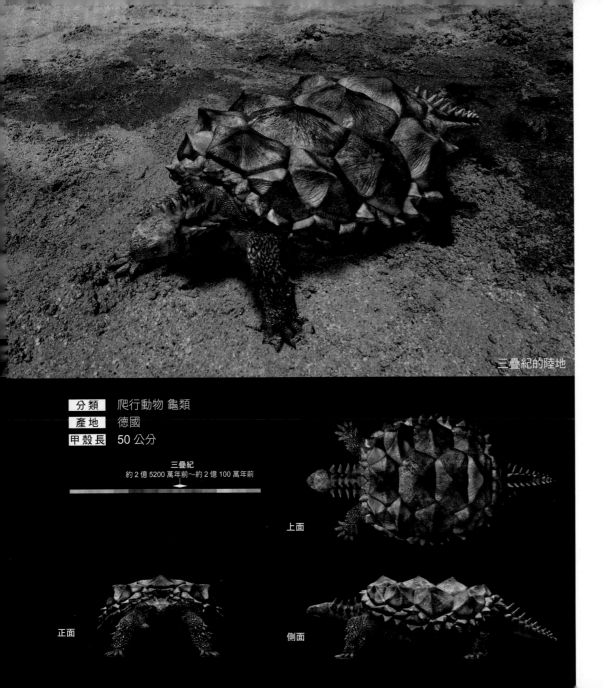

三疊紀的陸地

分類	爬行動物 龜類
產地	德國
甲殼長	50 公分

三疊紀
約 2 億 5200 萬年前～約 2 億 100 萬年前

上面

正面

側面

餵食象龜的時候，有一隻不尋常的烏龜靠近。體型大小約莫有象龜的一半，原來是昆氏原亮龜（*Proganochelys quenstedti*）。

不僅是象龜，很多烏龜的甲殼線條都是比較圓滑，但是昆氏原亮龜不同，起伏劇烈。

不光是甲殼，頭部到尾巴都長滿了刺，整體「凹凸感」非常強烈。乍看之下，這些棘刺可能會讓人認為「防禦性很高」。不過也因為這些棘刺的緣故，原亮龜無法將自己頭尾縮進殼裡。對於烏龜來說，無法做出最高明的防禦手段「龜縮」。

根據「紀錄」，原亮龜生活在約 2 億 1000 萬年前的德國。比半甲齒龜（參照第 48 頁）晚約 1000 萬年。

原亮龜的化石於 1887 年被發現，之後很長一段時間，都穩居「最古老龜類」的寶座。如同所見，牠完全沒有水棲的一切要素，很明顯的是陸龜，因此被認為「龜類的歷史是由陸龜開始」。

這種見解在 2008 年隨著半甲齒龜的發現掀起波瀾，之後又在 2015 年發現了羅氏祖龜（第 40 頁）。

目前龜類初期演化史究竟如何，仍處於熱議中。

Eudimorphodon ranzii

蘭氏真雙型齒翼龍

三疊紀的天空

分類 爬行動物 翼龍類
產地 義大利
翼展長 1公尺

三疊紀
約2億5200萬年前～約2億100萬年前

上面

側面

廣場上鴿子群聚。

不經意往上一看，有隻比鴿子還大的有翅膀動物。

那雙翅膀沒有羽毛，是由皮膜所組成。

嘴部前端沒有喙，有小小的尖牙，然後還有長尾巴。

這個動物當然不是鴿子，也不是鳥類，牠的學名叫作蘭氏真雙型齒翼龍（*Eudimorphodon ranzii*），是屬於翼龍類。

根據「紀錄」，翼龍類是和恐龍類幾乎同時出現，也是和除了鳥類之外的恐龍類同時期滅絕的爬行動物。雖然和恐龍類是近親，但並不是恐龍類。

俗稱「恐龍時代」的中生代，翼龍類與鳥類稱霸空中世界。但是，翼龍比鳥類的歷史更加古遠。而在翼龍類中，真雙型齒翼龍是早期的種類。

在本書中會出現好幾種翼龍類。除了尺寸的比較之外，也希望大家能夠注意頭部的大小、尾巴的長短。如此就能很清楚了解翼龍演變的過程。

在現實世界中，不管到哪個廣場去觀察鴿子大軍，都不會發現翼龍混雜其中……應該啦！

但是，說不定……。如果你很在意，那下次請仔細觀察，看看是不是有翅膀沒有羽毛只有皮膜的動物身影。

Eoraptor lunensis

月亮谷始盜龍

Eodromaeus murphi

莫氏曙奔龍

三疊紀的陸地

月亮谷始盜龍

分類	爬行動物 恐龍類 蜥臀類 蜥腳形類
產地	阿根廷
體長	1公尺

正面　　　　　側面

莫氏曙奔龍

分類	爬行動物 恐龍類 蜥臀類 獸腳類
產地	阿根廷
體長	1公尺

正面　　　　　側面

三疊紀
約2億5200萬年前～約2億100萬年前

　　拉不拉多在樓梯下休息，喜樂蒂下樓梯的當兒坐了下來。一樓走廊後方，傳來恐龍緩步走來的腳步聲。兩隻狗狗看到走廊這一頭分了心，另一隻恐龍正悄悄從樓梯走下來……

　　這是這對淘氣的恐龍拍檔日常即景。下一個瞬間就會發生連鎖反應——恐龍跑下樓來嚇喜樂蒂，然後喜樂蒂就跳起來飛過拉不拉多的頭上。

　　從走廊後方走過來的恐龍是莫氏曙奔龍（*Eodromaeus murphi*），而從樓梯上鬼鬼祟祟跑下來的是月亮谷始盜龍（*Eoraptor lunensis*）。兩隻小恐龍的外型相仿，但是曙奔龍是獸腳類恐龍最初期的代表性物種，而始盜龍則是蜥腳形類恐龍的先鋒。獸腳類在久遠之後會出現體長12公尺的暴龍（第248頁），而蜥腳形類則是有體長20公尺的植食性恐龍登場。兩個類群的恐龍都有大型種類出現，但是在早期卻是體型非常之迷你。

　　啊？搞不清楚哪隻是始盜龍、哪隻是曙奔龍？這是個好問題。實際上早期種類外型非常類似，命名的時候也經常會混淆呢。

Coelophysis bauri

鮑氏腔骨龍

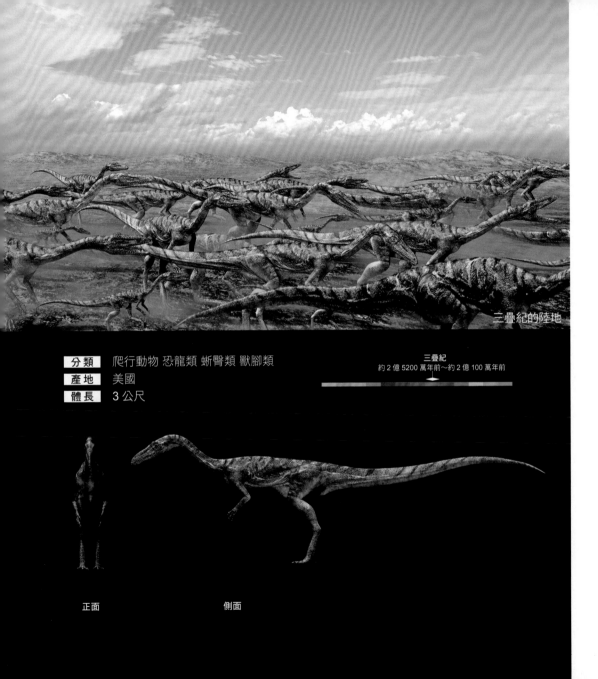

三疊紀的陸地

分類	爬行動物 恐龍類 蜥臀類 獸腳類
產地	美國
體長	3 公尺

三疊紀
約 2 億 5200 萬年前～約 2 億 100 萬年前

正面　　　　　　　側面

美國某地的自行車道，有種特殊的「景觀」。當有兩輛以上的腳踏車馳騁而來，不知道從何處就會冒出來小型恐龍，很開心的跟著一起跑。牠們並不會妨礙騎車，只是單純陪跑。有時候陪跑團甚至會多達數十頭、數百頭。今天人類夫妻的自行車之遊，一樣有鮑氏腔骨龍（Coelophysis bauri）同行。

腔骨龍喜歡陪跑有其理由，因為原本牠們就喜歡群居。不論是成體、亞成體、幼體，數百隻成群結隊。成體的腔骨龍體長約 3 公尺。聽到「3 公尺」可能會覺得很大隻，但是，這是頭部前端到尾部末端的長度，而高度與自行車差不多。體重則是約 25 公斤的「輕量級」，特別適合快跑。

當然在現實世界中，沒有腔骨龍陪跑的自行車道（應該啦！……雖然很遺憾）。但是，實際上在特定區域，曾發現數百隻的群體埋藏化石，包含了成體、亞成體、幼體。這一點顯示牠們有大規模群居的可能性，另一方面，也有可能遭遇不測（如大洪水），而造成腔骨龍屍體聚集成堆，目前尚未有結論。

Herrerasaurus ischigualastensis

伊斯基瓜拉斯托艾蕾拉龍

分類	爬行動物 恐龍類 蜥臀類
產地	阿根廷
體長	4.5 公尺以上

三疊紀
約 2 億 5200 萬年前～約 2 億 100 萬年前

上面

側面

正面

三疊紀的陸地

　　近來為了擴大球迷族群，足球也開放「恐龍參賽」。先決條件是「不可襲擊人類、必須遵守規則」，而且「僅限三疊紀恐龍」。

　　第一個條件當然無庸置疑，每種運動都要遵守規定。而且不限於恐龍，只要是會攻擊人類的，處於同一個空間裡都極其危險。

　　那另一個條件又是為了什麼？這是因為制定此一條件的協會高層，具有「早期恐龍類都是小型種」的定見，認為「小型種比較不會影響比賽」。

　　但是，在三疊紀的恐龍當中也有像伊斯基瓜拉斯托艾雷拉龍（*Herrerasaurus ischigualastensis*）這種大小剛好在限制條件內的種類。全長 4.5 公尺，站起來超過 1 公尺，很適合和選手（人類）打球的尺寸。

　　根據「紀錄」，已知艾雷拉龍和始盜龍是生活在同一時期、相同地區的恐龍類。再者，有關細部分類仍有爭論，這是眾人皆知的。

　　此外，艾雷拉龍有 4.5 公尺的個體，也有 3 公尺的個體。話說 3 公尺的話，說不定在以多打少的 Power Play 戰術下可能會不敵人類球員喔。

Frenguellisaurus
ischigualastensis
伊斯基瓜拉斯托弗倫由里龍

分類	爬行動物 恐龍類 蜥臀類 獸腳類
產地	阿根廷
體長	7 公尺

三疊紀
約 2 億 5200 萬年前～約 2 億 100 萬年前

上面

側面

正面

三疊紀的陸地

如果紅隊有艾雷拉龍（參照第 64 頁），那藍隊就是弗倫由里龍。屬於三疊紀獸腳類恐龍，身材為首屈一指的伊斯基瓜拉斯托弗倫由里龍（*Frenguellisaurus ischigualastensis*）被拔擢為守門員，因為手比較大，適合守門。

寬度 7.32 公尺的球門，由體長 7 公尺的弗倫由里龍來防守，簡直就是銅牆鐵壁，遇到自由球（罰球）也沒問題。

不過為了以防萬一，還是搭配四位球員。但是，紅隊 4 號來了一記短傳，球呈拋物線無情的飛過弗倫由里龍的背上……。

……果然守門員還是應該由人來負責，賽後大家都如此議論紛紛。

根據「紀錄」，弗倫由里龍是出現在 2 億 2300 萬年前的獸腳類。以 7 公尺的尺寸來說，算是中生代獸腳類的中型

種類。但相較於 500 萬年前「最古老的獸腳類」曙奔龍（參照第 60 頁），在短期間已經演變成這麼大了。

牠和艾雷拉龍十分神似，實際上也有人根深柢固認為根本是同一種。不管如何，都可以確切的證明三疊紀有中型的肉食恐龍，恐龍世界的基礎於焉完成。

……和恐龍踢足球，應該是比跟機器人踢球更困難吧。

Fasolasuchus tenax

提那斯法索拉鱷

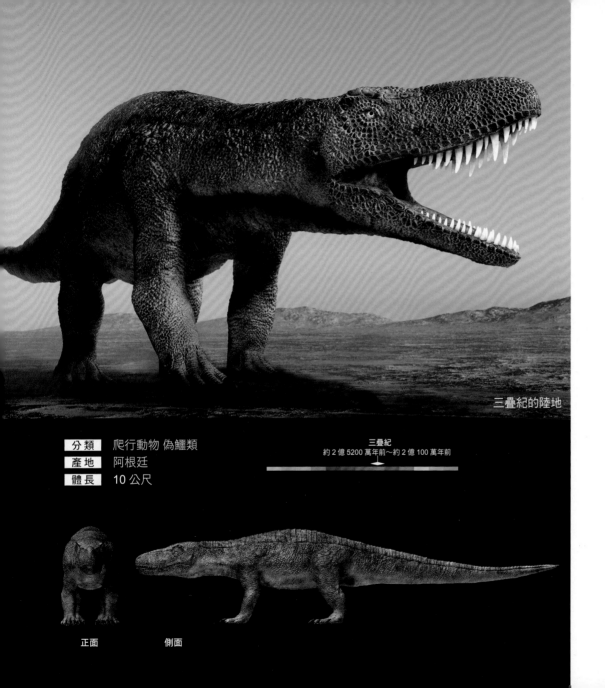

三疊紀的陸地

分類	爬行動物 偽鱷類
產地	阿根廷
體長	10 公尺

三疊紀
約 2 億 5200 萬年前～約 2 億 100 萬年前

正面　　　　側面

　　小山坡上有間漂亮的別墅，純白的樓梯扶手旁是一片翠綠，還有林肯加長型禮車，完全就是「名流」一詞的寫照。……禮車的另一邊，好像有什麼東西怪怪的……？

　　這隻動物的學名是提那斯法索拉鱷（*Fasolasuchus tenax*）。是比加長型禮車更長，也稍微高一點的偽鱷類。

　　根據「紀錄」，法索拉鱷出現於三疊紀末期，比同屬於偽鱷類群的蜥鱷（參照第 50 頁）還要晚了數千萬年。法索拉鱷雖然只發現到部分化石，但是由這些化石推測應該有 10 公尺長，是當時最大型的肉食性動物。即使與之後時代的恐龍相比，也很少有這麼大的肉食性動物。

　　不只是體型，巨大結實的頭骨也跟白堊紀的暴龍（參照第 248 頁）非常相似。暴龍的下顎可以將獵物「連骨頭都咬碎」。雖然還不太清楚法索拉鱷下顎的咬合能力，但至少從外觀來看是有相當的破壞力。很有可能是當時最強的獵人之一。

　　如果法索拉鱷出現在車子旁邊……。要是你正好在車上，建議最好趕快下車；如果還沒上車，請立即離遠一點。

Lessemsaurus
sauropoides

似蜥腳萊森龍

三疊紀的陸地

分類	爬行動物 恐龍類 蜥臀類 蜥腳形類
產地	阿根廷
體長	9 公尺？或 18 公尺？

三疊紀
約 2 億 5200 萬年前～約 2 億 100 萬年前

側面

　　如果你遇到塞車，很有可能在車陣最前端的是蜥腳形類恐龍。並非發生事故，且某種層面來說，可以說是「自然壅塞」。

　　蜥腳形類在恐龍類群中是體型特別巨大的一群。長脖子和長尾巴是註冊商標，四足行走，以植物維生。似蜥腳萊森龍（*Lessemsaurus sauropoides*）算是蜥腳類中體型較小的，但是這種體型實在很難走得快。如果誤入像高速公路這種「沒得閃的路」，當然一定會造成交通大打結。如果會為這種塞車狀況感到煩躁，代表著人已能和非鳥類的恐龍共存，這在目前可還是個夢呢。

　　根據「紀錄」，萊森龍是出現於三疊紀末期的蜥腳形類，與第 68 頁介紹的法索拉鱷生存在相同時代和區域。三疊紀末已經有大型肉食恐龍與植食恐龍出現的證據。但是，因為萊森龍只有發現部分化石，有關體長的推測大相徑庭，甚至有 18 公尺的說法。18 公尺相較於之後時代的蜥腳形類毫不遜色。但即使是 9 公尺，在三疊紀也已是龐然大物。

　　現實生活中，是不會有恐龍造成塞車狀況的，還請多多注意交通資訊。

Lisowicia bojani

伯氏利索維斯獸

分類	單孔類 獸孔類
產地	波蘭
體長	4.5 公尺

三疊紀
約 2 億 5200 萬年前～約 2 億 100 萬年前

上面

正面　　　側面

三疊紀的陸地

在非洲象群中，有一隻不尋常的動物？從左邊數來第三隻。沒有長長的牙，也沒有大大的耳，更沒有長鼻子的奇妙生物正跟著象群走著。

這隻動物的學名為伯氏利索維斯獸（*Lisowicia bojani*）。體長 4.5 公尺，重 9 公噸，是很有分量的傢伙。雖然混在象群中，卻完全沒有違和感。伯氏利索維斯獸和哺乳動物同屬獸孔類，但並

不是哺乳類。利索維斯獸和本書中第 8 頁所介紹的「水龍獸」親緣比較近。

哺乳類所屬的「單孔類群」，其實曾經更繁盛。根據「紀錄」，單孔類在古生代末期大為繁榮。有本書同系列「古生代篇」的讀者，請翻到二疊紀的篇章，巨大異齒龍、羅氏杯喙龍、奇異冠鱷獸、亞歷山大伊氏獸、巨首雙齒獸……這些都是單孔類。

但是在古生代末期發生大滅絕事件，單孔類一口氣大為衰退。進入中生代之後，像亞歷山大伊氏獸的大型肉食性單孔類已經不見蹤影，植食性的大型種類也在三疊紀晚期的伯氏利索維斯獸之後畫上句點。單孔類中，像伯氏利索維斯獸等級的大型種類再度出現，還要再等 1 億 5000 萬年以上的歲月，那是恐龍類滅絕之後的事。

Kuehneosuchus latissimus

寬翼孔耐蜥

三疊紀的森林

分類	爬行動物
產地	英國
體長	70 公分

側面

正面

上面

三疊紀
約 2 億 5200 萬年前～約 2 億 100 萬年前

「飛吧！」

日暮西垂，山坡上少年把寬翼孔耐蜥（*Kuehneosuchus latissimus*）高高舉起。孔耐蜥竭盡了命伸展四肢，張開「翅膀」，準備迎風而飛。究竟孔耐蜥是否能順利回到森林呢？

孔耐蜥是肋骨往左右延伸，在骨頭之間有覆蓋皮膜翅膀的爬行動物之一。根據「紀錄」是生活於中生代三疊紀，已可確認當時有好幾種相同姿態的爬行動物。這種爬行動物稱之為「孔耐蜥類」，其中又以有大翅膀的寬翼孔耐蜥最為知名。

包含寬翼孔耐蜥在內的孔耐蜥類，本身並不會拍動翅膀飛翔，牠們基本上是迎風滑翔，但似乎是需要很強的風勢才能滑翔。

在現實世界的孔耐蜥有所謂的「化石產地之謎」。孔耐蜥的化石是在英國的博斯科姆比（曾在福爾摩斯推理小說《博斯科姆比溪谷秘案》中出現的溪谷）被發現。這裡有很多孔耐蜥的化石，但是其他動物的化石卻付之闕如。這麼極端的狀況，目前還不知道是什麼原因所造成。

侏羅紀 Jurassic period

「恐龍時代」

終於到來。這個時代牠們開始真正繁榮，巨大陸生動物的時代拉開了序幕。

在三疊紀非常興盛的偽鱷類，因為三疊紀末期發生大滅絕事件而大量減少。但是偽鱷類中仍有現代型的鱷類繼續傳承血脈。恐龍取代衰退的偽鱷類崛起，尤其在內陸地區十分昌盛。10 公尺的大型肉食恐龍、30 公尺的超級植食性恐龍，這時候在世界各地都可以看到。

當然，侏羅紀的生物並不是只有偽鱷類和恐龍類。還有三疊紀就存在的魚龍類和翼龍類、蛇頸龍類，都開始欣欣向榮，魚類的夥伴也出現「史上最大」的種類。我們哺乳類也登上舞台，慢慢開始多樣化。請務必感受一下祖先們的大小。

Protosuchus richardsoni

里氏原鱷

侏羅紀的陸地

分類	爬行動物 偽鱷類 鱷形類
產地	美國
體長	1公尺

侏羅紀
約2億100萬年前～約1億4500萬年前

上面

正面　　側面

在遠離人群喧囂的地方，有著意想不到的邂逅。

有個小小女性攝影家，在沒什麼人願意停留的步道上，獲得喜出望外的快門瞬間，遇見了里氏原鱷（*Protosuchus richardsoni*）。

原鱷雖然不是真鱷類，卻是有「廣義的鱷」之稱的「鱷形類」代表性生物，是非常原始的種類。和真鱷最大的差異，在於四肢的方向。真鱷類的四肢是由身體側邊向外伸出的「爬行型」，而早期的原鱷類是垂直位於身體的下方。其肢體的運動方式，與其說是鱷，其實比較接近蜥鱷（第50頁）等早期的偽鱷類、恐龍類，及大多數的哺乳類。

背部也跟鱷類迥異。不論是真鱷類或是原鱷類，都有保護背部稱之為「鱗板」的小片狀骨頭。但是鱷類背部的鱗板有6列，原鱷類只有2列。以鱗板在身體的占比來說，鱷類和原鱷類都差不多。雖說如此，被鱗板「分割」為較多部分的鱷類，身體的柔軟性應該比原鱷類來得好。

很遺憾的是，即使你走遍現實世界最罕無人煙的場所，也無法與原鱷相遇。

Morganucodon watsoni

華氏摩根齒獸

侏羅紀
約 2 億 100 萬年前～約 1 億 4500 萬年前

側面

正面

侏羅紀的陸地

　　瞞著大人在棉被裡偷偷打開手電筒看書，專屬於孩子的秘密空間，最是讓人興奮。

　　這個時候陪在你身邊的小小動物會是誰呢？

　　來隻華氏摩根齒獸（*Morganucodon watsoni*）如何？乍看之下似鼠非鼠，當然不是老鼠啦，牠可是「最古老的哺乳類」——摩根齒獸的成員之一。

　　根據「紀錄」，摩根齒獸類是哺乳類，但也有人認為牠還不屬於哺乳類，只是更廣義的哺乳形類。摩根齒獸屬有好幾個種，化石是在三疊紀晚期的地層中被發現。

　　摩根齒獸屬的化石產地遍及英國、美國、中國、法國、瑞士等地，範圍極廣。三疊紀晚期到侏羅紀早期，當時盤古大陸仍然存在，所以摩根齒獸就橫跨

連接的陸地，廣布到世界各地。

　　摩根齒獸雖然看起來很像老鼠，但是和齧齒類關係很遠。

　　話說回來，如果能跟牠一起在「棉被秘密基地」看書……那絕對會是一生難忘的回憶。

Darwinopterus modularis

模組達爾文翼龍

侏羅紀的天空

分類	爬行動物 翼龍類
產地	中國
翼展長	90 公分

侏羅紀
約 2 億 100 萬年前～約 1 億 4500 萬年前

上面

側面

加拉巴戈群島。

　如果你到訪這個島嶼，必看的動物有象龜、鬣蜥，然後還有……翼龍。

　這是一種學名叫作模組達爾文翼龍（*Darwinopterus modularis*）的翼龍，有著非常符合加拉巴戈群島的名字。

　咦？

　哪裡符合這個島啊？

　那是因為一提到加拉巴戈群島，就會想到達爾文啊。英國的生物學家達爾文，曾造訪過該島，看到島上的生物而有了演化論的發想（詳細內容請參閱《物種起源》一書）。

　達爾文翼龍冠上了達爾文的名號，是翼龍演化中的重要種類。早期的翼龍類，如真雙型齒翼龍（第 58 頁）是「頭小尾長」；爾後出現的是如無齒翼龍（第 190 頁）之類是「頭大尾短」。而達爾文翼龍是「頭大尾長」，介於早期與晚期類型，宛如「演化進行式」。

　在現實世界中，即使到加拉巴戈群島，也不會看到達爾文翼龍。值得「特別」注意的是，達爾文翼龍的化石產地可是在中國喔！

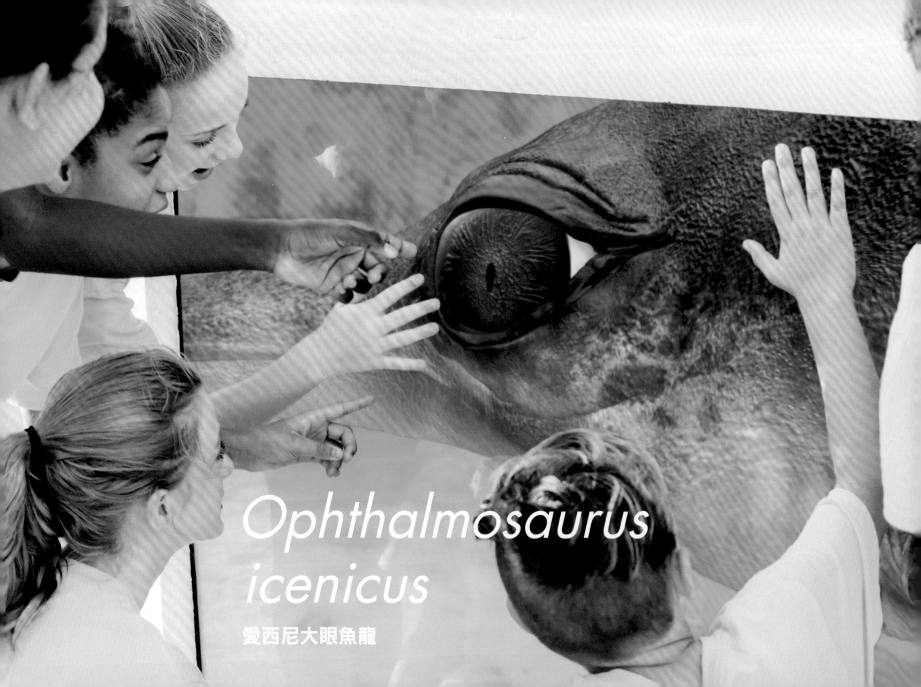

Ophthalmosaurus icenicus

愛西尼大眼魚龍

侏羅紀的海洋

分類	爬行動物 魚龍類
產地	英國 墨西哥
體長	4公尺

侏羅紀
約2億100萬年前～約1億4500萬年前

上面

正面　　　　側面

「哇！好大的眼睛！」

孩子們聚集在水族缸前面，還有人把自己的手放在旁邊當比例尺測量。這個水族缸非常受到歡迎。

水族缸的主人是愛西尼大眼魚龍（*Ophthalmosaurus icenicus*），是魚龍類。「Ophthalmo」是希臘文「眼睛」的意思。誠如其名，這隻魚龍的眼睛特別大，直徑超過 20 公分。

一般而言，動物身體越大，眼睛也就越大。這種傾向的極致表現是體長 25 公尺的藍鯨，眼睛的直徑是 15 公分。

另一方面，體長 4 公尺的大眼魚龍算是「小個兒」，遠比藍鯨來得小。但是大眼魚龍的眼睛直徑，竟然是藍鯨的 1.7 倍，面積則是將近 3 倍大。

這雙眼睛不僅僅只有大而已，性能也很卓越，尤其是「夜視」能力遠遠超過人類，可以說和哺乳類的貓咪一樣。這也代表了牠可以看到水深 500 公尺以上的景物。

當然在現實世界中，並沒有留下大眼魚龍的眼睛化石，而是保護眼睛的「鞏膜環」成了化石被發現了，並藉此分析推測出眼睛的尺寸和性能。

Metriorhynchus
superciliosus

高眉地蜥鱷

侏羅紀的海洋

分類	爬行動物 鱷形類
產地	英國 法國
體長	3公尺

侏羅紀
約2億100萬年前～約1億4500萬年前

上面

正面　　　　側面

在某個水族館，有個動物緊緊抓住少年的心。

「奇怪，這是魚嗎？不對，那會是鱷嗎？」

少年感到不可思議而目不轉睛。讓他如此熱中的動物，吻部細長，四肢是槳狀的鰭狀肢，尾巴是新月形的尾鰭。

雖然看起來有點像鱷，但是不論是短吻鱷、尼羅鱷、凱門鱷，四肢都有清晰的趾，尾巴也沒有鰭。

在水槽裡面優游的動物是高眉地蜥鱷（*Metriorhynchus superciliosus*），是廣義的「鱷形類」的一員。

細長的吻部、鰭狀肢、尾鰭……這些都是適應水棲的證明。而背部沒有鱗板（一般鱷的背上有突起的鱗板），所以更能了解此動物適應水棲的程度。本來鱗板是用於保護身體的「鎧甲」，但是卻會讓身體「硬梆梆」，降低動作靈活度。雖然沒有鱗板使得防禦性下降，但也意味著身體更加流線柔軟，這是為了游泳而發展出來的重要特徵。

地蜥鱷是完全適應水棲的鱷形類。在現代，鱷類是水邊的王者。根據「紀錄」，不只水邊，地蜥鱷過往的勢力曾經遍及整個水域。

Guanlong wucaii

五彩冠龍

侏羅紀的森林

分類	爬行動物 恐龍類 蜥臀類 獸腳類 暴龍類
產地	中國
體長	3.5 公尺

侏羅紀
約 2 億 100 萬年前～約 1 億 4500 萬年前

正面　　　　側面

有隻恐龍不偏不倚掉進馬路坑洞裡。有著醒目「飛機頭」的恐龍，學名是五彩冠龍（*Guanlong wucaii*）。雖然外型如此，牠可是暴龍（參照第 248 頁）的夥伴。……說是「夥伴」，其實到暴龍登場，根據「紀錄」還要 8000 萬年以上的時間，這個數字相當於從現代追溯到白堊紀晚期。

先來關心一下，在「這個世界」掉進坑洞的五彩冠龍吧。其實坑洞也不深，趕快爬出來就好啦，但是牠看起來卻是雙腿發軟。到底發生了什麼事？牠害怕坑洞嗎？

這完全在意料之中。事實上五彩冠龍的化石，是在巨大的蜥腳類馬門溪龍（參照第 104 頁）的足跡中被發現。這個足跡被稱為「Death Pits（死坑）」，包含了兩具五彩冠龍，總共有五具小形獸腳類化石長眠其中。大概那時候，這個足跡裡，因為有火山灰且混雜了柔軟的泥沙，然後又積了水，可能就像個無底的沼澤。這對五彩冠龍來說，掉進了坑洞，就只能眼睜睜的慢慢下沉喪命。

難道那時候的心靈創傷依舊殘留著？還好這個坑洞沒有積水，也沒有泥沙，等牠冷靜下來，說不定不用花很多時間就能逃出坑洞。

Castorocauda lutrasimilis

獺形狸尾獸

侏羅紀的水邊

分類	單孔類 獸孔類 哺乳類
產地	中國
體長	45 公分

侏羅紀
約 2 億 100 萬年前～約 1 億 4500 萬年前

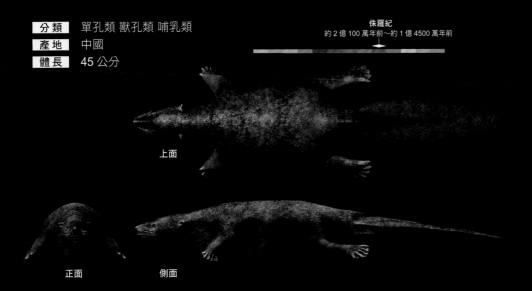

上面

正面　　側面

在觀察河狸時，旁邊來了一隻可愛的小傢伙。好像是在觀摩河狸的動作，然後加以模仿。仔細一瞧，這個小動物也有著像河狸一般的扁平尾巴。

這個動物的學名就叫作獺形狸尾獸（*Castorocauda lutrasimilis*），和河狸一樣，是半陸半水棲的哺乳類（嚴格來說是屬於更廣義的「哺乳形類」）。根據紀錄，獺形狸尾獸是侏羅紀生存於中國的動物。

以往總是認為「恐龍時代的哺乳類長得像老鼠，也像老鼠一樣嬌小，都是在恐龍的影子下躲躲藏藏的生活」。

雖然獺形狸尾獸比現在的河狸來得小，約莫只有 45 公分，但已經不能說是「像老鼠一樣小」的尺寸了。而外形也與「長得像老鼠」八竿子打不著。

西元 2000 年代以後，「恐龍時代的哺乳類」化石接連被發現，大幅修正見解。簡單來說，恐龍時代的哺乳類，絕對不是只有跟老鼠一樣大的種類。

獺形狸尾獸像河狸一樣半陸半水棲，也有著同樣的尾巴。不過兩者並沒有親緣關係，獺形狸尾獸已全數滅絕，沒有留下後裔。

Volaticotherium antiquum

遠古翔獸

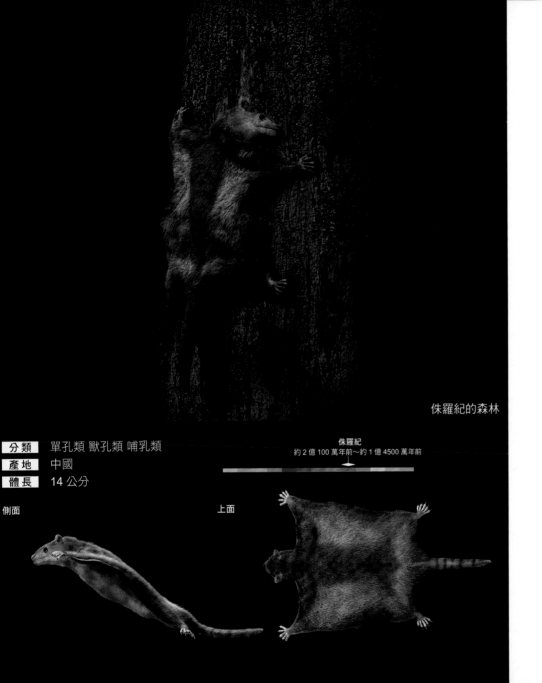

侏羅紀的森林

侏羅紀
約 2 億 100 萬年前～約 1 億 4500 萬年前

側面　　　　　　　　　　上面

有一隻小動物徐徐的往女孩的掌心飛去。

四肢伸展，中間有大片皮膜。

搖搖晃晃的同時，一邊努力摸索著陸地點，慢慢來…別急……。

這個動物是……鼯鼠嗎？矮飛鼠嗎？還是蜜袋鼯？多少應該會有人這麼認為吧？

不過都不對。這個動物的學名是遠古翔獸（*Volaticotherium antiquum*），根據「紀錄」是生存於中生代侏羅紀的哺乳類，是與現在的鼯鼠、飛鼠都沒有親緣關係的滅絕物種。

遠古翔獸體長 12 ～ 14 公分，和小隻的日本矮飛鼠差不多大小。但是遠古翔獸的體重估計約 70 公克，比日本矮飛鼠輕巧很多。根據化石分析的結果，遠古翔獸對飛行並不在行，說是飛行，更像是滑行。如同現在的鼯鼠一樣，在追捕獵物的時候，無法大幅度改變軌道。而主食似乎是昆蟲。

跟現有的滑行性哺乳類相似，遠古翔獸夜行性的可能性很高。牠們在恐龍們入睡後的寂靜森林裡，在樹木之間靜靜的滑翔。

Stegosaurus stenops

狭面劍龍

侏羅紀的森林

分類	爬行動物 恐龍類 鳥臀類 覆盾甲類 劍龍類
產地	美國
體長	6.5 公尺

侏羅紀
約 2 億 100 萬年前～約 1 億 4500 萬年前

正面　　　　　　上面

在日本中部地方的某個地區,有很多「合掌造」的建築,以日本原創景致聞名,吸引許多國內外的觀光客造訪。從幾年前開始推行恐龍共遊活動,在特定季節,會把個性沉穩的植食性恐龍放養到村子裡,尤其是和合掌造屋頂關鍵字最能互相呼應的狹面劍龍(*Stegosaurus stenops*),非常受歡迎(*Stegosaurus* 的「Stego」就是屋頂的意思,而且背部的骨板與合掌造非常相稱)。

這時候有一個女子正在村內散步,一隻劍龍靠了過來,在女子面前停下腳步,骨板徐徐的轉為紅色。

「哇!」

這美麗的變化讓人目眩神迷,能夠看到這一幕的你,真是太幸運了。

目前所知劍龍的骨板表面有細細的血管,最常見的說法是骨板藉由曬太陽溫熱血管、提高體溫,然後藉由吹風降低體溫。

另一方面,也有人認為藉由調整血管的血液流量,骨板可能可以改變顏色。而改變顏色的理由之一,就是為了「展示」。這隻劍龍可能是想要向女孩示好。不過,請大家特別注意一下,實際上沒有放養劍龍的村落喔!

Stegosauria + α

剣龍類

分類	爬行動物 恐龍類 鳥臀類 覆盾甲類
產地	美國 中國
體長	請參照本文

侏羅紀
約 2 億 100 萬年前～約 1 億 4500 萬年前

正面　　　　　　側面

勞氏小盾龍

哈氏肢龍

太白華陽龍

多脊沱江龍

狹面劍龍

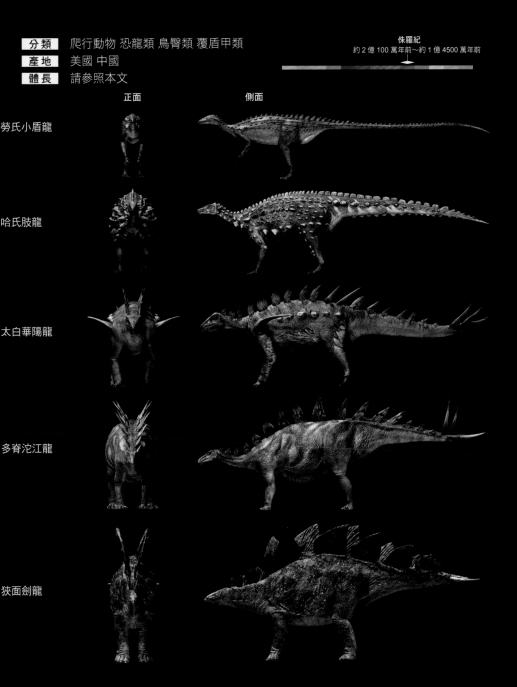

「吃午餐囉～」

小女孩揮動著羊齒蕨，村內的植食性恐龍都聚了過來。

在這裡放養的狹面劍龍（參照第 94 頁）和牠的夥伴們，剛好可以照順序展現劍龍的「演化系譜」。

最先來到小女孩身邊的，是一隻體長 1.3 公尺的小恐龍叫作勞氏小盾龍（*Scutellosaurus lowleri*），也是最原始的覆盾甲類之一。所謂的「覆盾甲類群」，包含如狹面劍龍之類的劍龍類、大腹甲龍之類的甲龍類（參照第 240 頁）。小盾龍是處於該類群的「基幹」位置，不屬於劍龍類，也不是甲龍類。

接著到來的是比小盾龍更具「衍生」特徵，但是一樣也算不上是劍龍類或甲龍類的哈氏肢龍（*Scelidosaurus harrisonii*）。根據「紀錄」，在此一種類之後，劍龍類和甲龍類就開始分道揚鑣。

站在後排中央的，是一隻太白華陽龍（*Huayangosaurus taibaii*），是最原始的劍龍類，背部骨板還不是很大片。後排右邊緩緩接近的是多脊沱江龍（*Tuojiangosaurus multispinus*），骨板既高且寬。然後後排左邊的是狹面劍龍。這樣就可以確認尺寸和骨板的變化了吧。

劍龍類

太白華陽龍
Huayangosaurus taibaii
中侏羅世、巴通期（Bathonian）～卡洛夫期（Callovian）？
（約 1 億 6800 萬年前～約 1 億 6400 萬年前）

哈氏肢龍
Scelidosaurus harrisonii
早侏羅世、辛涅繆爾期（Sinemurian）
（約 1 億 9900 萬年前～約 1 億 9100 萬年前）

勞氏小盾龍
Scutellosaurus lowleri
早侏羅世、辛涅繆爾期～普林斯巴期（Pliensbachian）
（約 1 億 9900 萬年前？～約 1 億 8300 萬年前）

多脊沱江龍
Tuojiangosaurus multispinus
晚侏羅世、牛津期（Oxfordian）？
（約 1 億 6400 萬年前～約 1 億 5700 萬年前）

狹面劍龍
Stegosaurus stenops
晚侏羅世、牛津期～欽莫利期（Kimmeridgean）
（約 1 億 6400 萬年前～約 1 億 5200 萬年前）

Leedsichthys problematicus

困惑利茲魚

側面

正面

侏羅紀的海洋

　　游泳池裡的大傢伙就叫作困惑利茲魚（*Leedsichthys problematicus*）是史上最大的輻鰭魚類。

　　除了是史上最大的輻鰭魚類，也是史上最大的硬骨魚類。輻鰭魚類包含了鮪魚、沙丁魚等魚類。而硬骨魚類除了輻鰭魚類之外，還包含了以腔棘魚為代表的肉鰭魚類，是更廣泛的類群。在硬骨魚當中，利茲魚的尺寸也算得上是出類拔萃。

　　但是要說利茲魚是最大的魚類，就有點問題了。因為軟骨魚類的鯨鯊體長可達 18 公尺。

　　這裡說的「有點問題」，事實上也是因為利茲魚的體長不是那麼明確。由於尚未發現整條魚的化石，只能從部分的化石去推測。

　　這次採用的尺寸，也不過是推測值之一。推測值中甚至還有體長 27 公尺的說法，如果這個數值正確，那利茲魚無疑是「史上最大魚類」。……如果正確的話。

　　棲息於侏羅紀海洋的巨大輻鰭魚類，如果放在現代就會像圖片那樣。即使是比賽用的標準泳池看起來都有點擁擠，很難一起共游。

Sinraptor dongi

董氏中華盜龍

侏羅紀的陸地

分類	爬行動物 恐龍類 蜥臀類 獸腳類
產地	中國
體長	8公尺

侏羅紀
約2億100萬年前～約1億4500萬年前

正面　　　　　側面

　　行進在絲路上的駱駝商隊，為了要維護安全，找了一隻肉食性恐龍帶頭當保鑣。那隻肉食性恐龍的學名是董氏中華盜龍（*Sinraptor dongi*），是中國最具代表性的恐龍之一。

　　中國的面積比日本大25倍以上，各地有不同恐龍化石陸續被發掘，其中尤以侏羅紀化石產地的「準噶爾盆地」最廣為人知。準噶爾盆地位於距離北京西方約2400公里的烏魯木齊地區，是新疆維吾爾自治區。光是這個自治區的面積就是日本的4倍以上。新疆維吾爾自治區的各個城市，自古就是連結中國與歐洲之間的絲路的重要關口，現在也是。商人們把一手養大的強壯肉食性恐龍當保鑣，物資就由駱駝來運送。

　　根據「紀錄」，以肉食性恐龍而言，中華盜龍是「侏羅紀最大等級」之一。與在北美洲繁榮昌盛的異特龍（第114頁）是近親，有很多相似的共同點，諸如扁身、前肢長等，盛行的時期也幾乎相同。

　　不過很可惜，不管你走過幾趟絲路，也不會遇到被豢養的中華盜龍（……大概、一定）。如果你真的遇到中華盜龍商隊，那你首先應該做的，就是證明自己是個善良的旅客。

Mamenchisaurus sinocanadorum

中加馬門溪龍

侏羅紀的森林

分類	爬行動物 恐龍類 蜥臀類 蜥腳形類 蜥腳類
產地	中國
體長	35 公尺？

侏羅紀
約 2 億 100 萬年前～約 1 億 4500 萬年前

上面

側面

所有的恐龍類中，「脖子最長」的就是中加馬門溪龍（*Mamenchisaurus sinocanadorum*）。如果要把這隻恐龍放在現代世界裡，還是搭配一隻長頸鹿最適合。

……話雖如此，但共同點「脖子很長」的內容卻不一樣。長頸鹿的脖子由 7 節頸椎組成，而馬門溪龍有 19 節。

不只是長頸鹿，哺乳類的頸椎基本上都是 7 節，雖然有部分的種類有頸椎融合的狀況，但是 7 節頸椎是哺乳類的共同特徵之一。當然，人的頸椎也是 7 節。長頸鹿的脖子很長，是因為每一節頸椎很長所致。

另一方面，馬門溪龍所屬的蜥腳形類，頸椎數很多，但數量根據種類不同而有所差異。這種「頸椎數量多→脖子長」的結構與第 182 頁所介紹的蛇頸龍類是一樣的。

同樣是長脖子的蜥腳形類，又以馬門溪龍的脖子特別長。經過好幾個種類的驗證，確認馬門溪龍體長有一半都是脖子。但是實際上發現的化石卻是非常局部，所以體長的推估，可能會因為今後的研究而有所變動。

Europasaurus
holgeri

豪氏歐羅巴龍

侏羅紀的水邊

分類	爬行動物 恐龍類 蜥臀類 蜥腳類
產地	德國
體長	5.7 公尺

侏羅紀
約 2 億 100 萬年前～約 1 億 4500 萬年前

側面

　　正在餵小鹿吃飼料（鹿仙貝）的時候，一隻蜥腳類走了過來。也許是非常溫馴，所以鹿群也沒有要逃跑的意思。看來在這個公園和小鹿一起吃飼料這件事，對小鹿或蜥腳類來說都不是什麼太稀奇的事。

　　而且牠還是個「小小孩」。雖然體型比小鹿來得大，但是卻和人類差不多高。說到蜥腳類，可以說是大型恐龍的代名詞，這種尺寸實在好可愛。

　　「好好～你跟媽媽走散了嗎？吃完鹿仙貝，我請工作人員幫你找媽媽喔！」

　　喜歡照顧小動物的你，可能會不假思索地這樣對牠說。

　　但是，這是天大的誤會。這隻蜥腳類已經是成體了喔！也就是說這個個體不是因為年幼而體型小，而是原本就是小型種類，學名是豪氏歐羅巴龍（*Europasaurus holgeri*）。如同名稱裡的「Europa」所示，牠顯然是來自歐洲的恐龍。

　　根據「紀錄」，歐羅巴龍生活於侏羅紀的德國。當時的德國有很多小島，牠就棲息在其中某一個島嶼。由於是小島，所以大型動物會有往小型化（矮小化）演化的傾向，歐羅巴龍就是一例。

Fruitafossor
windscheffeli

溫氏弗魯塔獸

分類	單孔類 獸孔類 哺乳類
產地	美國
體長	7 公分

侏羅紀
約 2 億 100 萬年前～約 1 億 4500 萬年前

上面

側面

侏羅紀的陸地

「如何？這是我的寶貝們喔！」

朋友讓我看的是捧在手掌上的小老鼠們。有兩隻小老鼠……還有一隻不知道是不是因為緊張，四肢撐著身體的小動物。這應該……不是老鼠吧？

「啊？這隻名字叫作弗魯塔獸，很可愛吧！」

朋友一派天真爛漫的笑著介紹。

正確來說，「學名」叫作溫氏弗魯塔獸（*Fruitafossor windscheffeli*）是前肢有四個鉤爪的哺乳類，喜歡用爪子挖洞。

根據「紀錄」，弗魯塔獸生活在晚侏羅世的美國。在發現弗魯塔獸化石的地層中，同時也找到異特龍（第 114 頁）、狹面劍龍（第 94 頁）的化石。也就是說弗魯塔獸是在這些恐龍的腳下生活的小小哺乳類。

弗魯塔獸的牙齒呈棒狀，沒有琺瑯質。這種形狀的牙齒加上前肢的鉤爪，使得牠被認為是挖土找螞蟻吃。不論是牙齒的形狀、前肢的鉤爪，都跟現存以食蟻維生的土豚很類似。但是牠們只是「形體類似」，弗魯塔獸和現存的哺乳類之間，沒有親緣關係，牠屬於已經滅絕的哺乳類類群。

Apatosaurus excelsus

高貴迷惑龍

侏羅紀的森林

分類	爬行動物 恐龍類 蜥臀類 蜥腳形類 蜥腳類
產地	美國
體長	22 公尺

侏羅紀
約 2 億 100 萬年前～約 1 億 4500 萬年前

上面

側面

　這隻融入田園風光的恐龍，學名是高貴迷惑龍（*Apatosaurus excelsus*），是「典型的蜥腳類」。

　提到蜥腳類，是脖子長、尾巴長、四肢粗壯的植食性恐龍類群。也就是說有很多「巨大恐龍」都屬於此一類群，甚至有 30 公尺的超大型種類。

　這些超大型種類畢竟是少數，大多數的蜥腳類體長都在 20 公尺左右。從這個角度來看，迷惑龍可說是「典型」的蜥腳類。如果有人問「代表性的蜥腳類恐龍是？」那介紹迷惑龍一定不會錯。

　一定年齡以上的讀者，可能沒有聽過「迷惑龍」一詞。這是因為高貴迷惑龍之前被歸類到知名度非常高的「雷龍屬（*Brontosaurus*）」，本來認為雷龍與迷惑龍不同屬。但後來又有研究指出雷龍就是迷惑龍，所以一開始使用的迷惑龍屬名取得優先權。不過近年來，又有研究者認為迷惑龍和雷龍是不同種類，所以認為高貴迷惑龍應改回高貴雷龍。

　不管學名（分類）如何，如果能在電車的車窗外看到活生生的蜥腳類，我還真想搭乘這條鐵路。

Camarasaurus
lentus

長圓頂龍

侏羅紀的森林

分類	爬行動物 恐龍類 蜥臀類 蜥腳形類 蜥腳類
產地	美國
體長	15 公尺

侏羅紀
約 2 億 100 萬年前～約 1 億 4500 萬年前

側面

適合出現在工地現場的恐龍應該有很多種吧！不過其中最匹配的非長圓頂龍（*Camarasaurus lentus*）莫屬，和吊車一起待命，看起來畫面多協調啊！

與第 110 頁的迷惑龍、第 126 頁的梁龍一樣，長圓頂龍也是非常具有代表性的蜥腳類之一。牠們在侏羅紀的美國繁衍興旺，留下很多化石。

包含長圓頂龍在內的圓頂龍屬，大多體長不到 20 公尺，相較於迷惑龍或梁龍，可能會給人比較小的感覺。

但是即使長圓頂龍體長「15 公尺」的這個數字，也比之後出現的知名大型肉食性恐龍暴龍（參照第 248 頁）還魁梧。與相同時代的肉食性恐龍異特龍（參照第 114 頁）比一比，也將近有 2 倍大。大家長久以來被迷惑龍之類恐龍麻痺的尺寸感，剛好可以藉此機會好好恢復。

長圓頂龍體長較短的理由有很多。本來牠就是較小的種類，還有頭、尾在蜥腳類中也不算是特別長。頭部相較於迷惑龍之類，是比較短小的。

「短脖子」給人莫名的安全感，和吊車排排站，感覺很可靠。實際上長圓頂龍到底可以舉起幾噸的重量，還未可得知呢。

Allosaurus fragilis

脆弱異特龍

分類	爬行動物 恐龍類 蜥臀類 獸腳類
產地	美國
體長	8.5 公尺

侏羅紀
約 2 億 100 萬年前～約 1 億 4500 萬年前

側面

正面

侏羅紀的森林

　　某個森林裡，有條恐龍可以自由散步的小徑。基本上都是小型恐龍來造訪，沒想到今天卻來了一隻脆弱異特龍（*Allosaurus fragilis*）。

　　異特龍是身長 8.5 公尺的大個兒。就恐龍類而言算是中型種，但是在獸腳類中卻是大型種。不過牠的身材比較纖細，所以即使走在森林小徑上，你看，就像左頁圖片所顯示的，並不致於太過突兀。

　　異特龍以「侏羅紀最高等級肉食性恐龍」而聞名遐邇。實際上在侏羅紀，並沒有找到比異特龍還要大的肉食性恐龍化石。

　　但是，這僅只限於「侏羅紀」時代，進入下一個時代「白堊紀」之後，就有不少比異特龍體型還要大的肉食性恐龍出現。

　　相較於也是「時代王者」的暴龍（參照第 248 頁），可以很清楚了解異特龍的特徵。就數據資料來看，異特龍比暴龍小 3 公尺以上，重量輕 4 公噸以上，算是纖瘦小巧。若著眼於牙齒，異特龍的很扁，不如暴龍強壯。異特龍的牙齒無法像暴龍一樣把獵物的骨頭都咬碎，是比較傾向於將肉撕裂的方式。

Archaeopteryx
lithographica

印石板始祖鳥

侏羅紀的水邊

分類	爬行動物 恐龍類 蜥臀類 獸腳類 鳥類
產地	德國
翼展長	70cm

侏羅紀
約2億100萬年前～約1億4500萬年前

正面

側面

在尋常有烏鴉的水池邊，偶爾發呆作個白日夢也不錯。

突然有一隻鳥飛到烏鴉旁邊。黑白相間的體色，大小和烏鴉差不多。

「唉呀！好稀奇的鳥！」

你一邊這麼想著，接下來只是繼續盯著看嗎？還是興沖沖的打開鳥類圖鑑，查詢牠的名字？你的選擇，有可能成為人生的分水嶺。

請不要拿出鳥類圖鑑，而要對比古生物圖鑑。圖鑑上一定會有這隻鳥。

這隻印石板始祖鳥（*Archaeopteryx lithographica*）是古生物學史上、科學史上留名青史的「特殊鳥類」。如果你能發現「活生生的個體」，一定會成為世界名人。

實際上我們對於始祖鳥的飛行能力並不清楚。牠的飛行肌肉不是很發達，但是腦部構造和腕骨卻是非常適合飛行。

此外，黑白色系在古生物的體色中也是例外的一種。而且這個顏色並非完全單靠想像，被認為是雖不中亦不遠矣的色彩。

Rhamphorhynchus muensteri

明氏喙嘴翼龍

侏羅紀的水邊

分類	爬行動物 翼龍類
產地	德國
翼展長	2 公尺以下

侏羅紀
約 2 億 100 萬年前～約 1 億 4500 萬年前

上面

側面

到德國去旅行，果然啤酒絕不可或缺。全國各地都有酒莊，在不同地區的各個店家都能品嘗到不同風味的啤酒，尤其是南部的慕尼黑，每年秋年會舉辦饒富盛名的啤酒節。但是，就算不參加啤酒節，還有很多地方可以喝到美味的啤酒。

提到德國南部，還有一個值得一看之處，就是「索倫霍芬」的動物群。以始祖鳥（參照第 116 頁）為首，包含各式各樣的動物，都和這個地區有很深的地緣關係。這家酒吧也養了一隻明氏喙嘴翼龍（*Rhamphorhynchus muensteri*）作為「店龍」。在愜意品嘗啤酒時，就會像這樣——牠也想討一口喝。

在現實世界裡，索倫霍芬是世界知名的「化石寶庫」（保存有很多珍稀化石的地層），更是侏羅紀古生物的代表性化石產地。

根據「紀錄」，喙嘴翼龍與第 58 頁介紹的真雙型齒翼龍屬於同一型翼龍類，都是頭小、脖子短、尾巴長。但是以翅膀的長度來看，喙嘴翼龍大了將近一倍。

請注意在現實世界中，不管是不是慕尼黑的近郊，都沒有飼養喙嘴翼龍的酒吧。還有不管啤酒看起來有多好喝，都務必 20 歲以上才能享用。

Ctenochasma elegans

精美梳頜翼龍

侏羅紀的天空

分類	爬行動物 翼龍類
產地	德國
翼展長	1.5m

侏羅紀
約 2 億 100 萬年前～約 1 億 4500 萬年前

正面　　　　　　　　　　　　　　　　側面

開始大掃除吧！

興致高昂準備著手時，店裡的「店龍」靠了過來。

「要不要幫忙啊？」

雖然沒有開口，卻抬頭流露出這樣的神情。這隻翼龍的學名是精美梳頷翼龍（*Ctenochasma elegans*）。

翼龍類的形態可區分為兩大類。第118頁的喙嘴翼龍是「頭小尾長型」，而梳頷翼龍則是屬於「頭大尾短型」。根據「紀錄」，「頭小尾長型」的翼龍較早出現，「頭大尾短型」則是之後才現身的。基本上「頭大尾短型」大多體型較大。但是梳頷翼龍是較早期出現的「頭大尾短型」，所以還算是小型種。

梳頷翼龍最大的特徵在嘴巴，密密麻麻長滿260顆牙齒，像是要滿出嘴外，長相宛如掃地刷。

那些牙齒被認為是作為「過濾器」使用，在水中張開嘴巴，捕捉小蝦小魚，然後把水濾掉。

雖然長相讓人容易聯想到掃地刷，但是也不能真正拿來刷地板，那要讓牠幫什麼忙才好呢？

Giraffatitan brauncai

布氏長頸巨龍

侏羅紀的陸地

分類	爬行動物 蜥臀類 蜥腳形類 蜥腳類
產地	坦尚尼亞
體長	23 公尺

侏羅紀
約 2 億 100 萬年前～約 1 億 4500 萬年前

側面

　　優美的拱橋配上落日餘暉，譜出優美夢幻的景致。

　　這番景色來隻恐龍如何？若能跟拱橋的高度完美搭配，一定可以營造出夢幻的獨特氣氛。如果能夠遇到這個場景，你一定非常幸運。

　　看來好像是愛上這座橋的這隻恐龍，學名叫作布氏長頸巨龍（*Giraffatitan brauncai*）。以往腕龍（*Brachiosaurus*）以「巨大恐龍代名詞」稱霸植食性恐龍，很多人即使沒聽過「長頸巨龍」，也會知道「腕龍」。

　　具有腕龍之名的種，有高胸腕龍（*B. altithorax*）、布氏腕龍（*Brachiosaurus brancai*），其中「腕龍」復原的原型大多是採用布氏腕龍。但是近年來，布氏腕龍從腕龍屬中脫離出來，歸入長頸巨龍屬，所以改稱其為「布氏長頸巨龍」。

　　說到長頸巨龍，這種恐龍的特徵就是前腳比後腳長。所以很多復原圖都必然是背部傾斜，然後頭部位於延長線的制高位置。牠也是以「高個子」恐龍而廣為人知。

Pliosaurus funkei

馮氏上龍

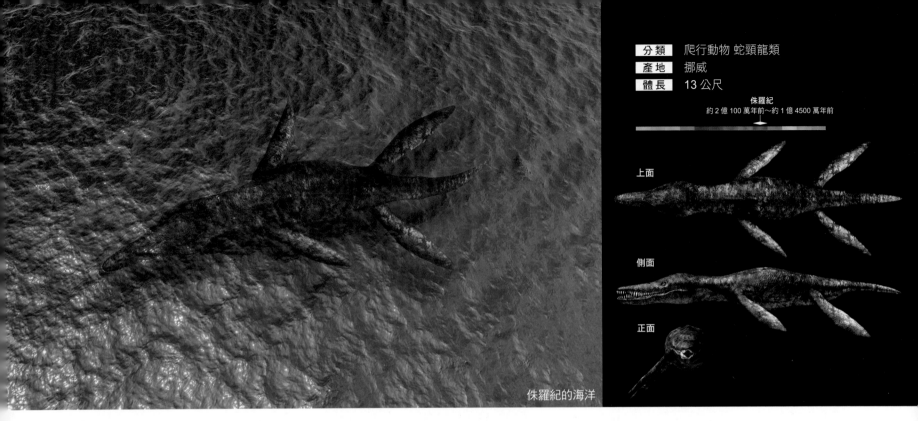

分類	爬行動物 蛇頸龍類
產地	挪威
體長	13 公尺

侏羅紀
約 2 億 100 萬年前～約 1 億 4500 萬年前

上面

側面

正面

侏羅紀的海洋

　　西班牙首都馬德里，最近有輛巴士蔚為話題，因為車頂上有一隻馮氏上龍（*Pliosaurus funkei*）。

　　馮氏上龍是蛇頸龍的一種。「不對啦！牠的脖子又不長！」我彷彿聽到大家的質疑。

　　的確上龍的脖子不長。但是已經證實有好幾種「短脖子蛇頸龍」。「蛇頸龍類」這個譯名，是在「鈴木雙葉龍」這隻以日文名稱為人熟知的雙葉龍（參照第 182 頁）被發現時所創，英文名「Plesiosauria」原意本來就與脖子長短無關（是「像蜥蜴」的意思）。而且「短脖子蛇頸龍」的存在本身並不是什麼奇特的事。

　　「長脖子蛇頸龍類」的頭部較小、以掠食者而言能捕食的對象有限，相對的上龍並非如此。很明顯的牠具有能獵捕大型動物的健壯頭部，一眼就可以看出屬於「霸王級」。

　　不過以防萬一，希望你注意一下，現實世界裡，你到馬德里並不會看到這麼珍奇的景象喔！

Diplodocus carnegii

卡內基梁龍

侏羅紀的陸地

分類	爬行動物 恐龍類 蜥臀類 蜥腳形類 蜥腳類
產地	美國
體長	24 公尺

侏羅紀
約 2 億 100 萬年前～約 1 億 4500 萬年前

側面

翻開世界歷史，有無數個被尊稱為「企業家」的人物。其中有一位「鋼鐵大王」——安德魯・卡內基，是活躍於 19 世紀到 20 世紀的企業家。

卡內基以創立圖書館、博物館等聞名，在美國紐約的卡內基音樂廳也是其中之一。

透過「卡內基」的連結，現在音樂廳前面來了一隻蜥腳類。這隻恐龍的名字就是卡內基梁龍（*Diplodocus carnegii*）。會如此命名，當然是因為這位鋼鐵大王贊助了化石的挖掘啦。梁龍屬除了卡內基梁龍之外，還有其他的種類。

梁龍的特徵是頭部扁平，口內有像鉛筆般排列的牙齒。前肢比後腳短，重心是在接近後腳的位置，所以也有見解認為牠可以靠後腳和尾巴站起來。尾巴很長，可能可以像鞭子一樣強力甩動。

卡內基梁龍的大小約 24 公尺，以梁龍家族來說「可能是史上最大型」的還有好幾個種類。例如全長 35 公尺的超龍（*Supersaurus*），有人認為可能就是大型的梁龍類。

127

早白堊世

Early
Cretaceous epoch

Berriasian
Valanginian
Hauterivian
Barremian
Aptian
Albian

中生代第三個時代

就是白堊紀，約開始於 1 億 4500 萬年前，持續到 6600 萬年前，共約 7900 萬年。是從前寒武時期埃迪卡拉紀開始後的 13 個紀中，最長的一個，是三疊紀的 1.5 倍、侏羅紀的 1.4 倍。白堊紀以 1 億 100 萬年前為界，又分為「早白堊世（早期）」與「晚白堊世（晚期）」。

早白堊世不像晚白堊世的資訊那麼充足，原因在於世界各地早白堊世的地層留存的相當少（或許還沒有被發現）。但是亞洲，尤其中國和日本，保有很多早白堊世的地層，發掘了各式各樣的化石。這個時代，請多多關注亞洲各地的古生物。

Dilong
paradoxus

奇異帝龍

白堊紀
約 1 億 4500 萬年前～約 6600 萬年前

上面

側面

正面

白堊紀的森林

「唉～我也好希望能長得那樣高大強壯喔～」

……不知道牠是不是這樣想著。

望著一幅畫看到出神的小恐龍是奇異帝龍（*Dilong paradoxus*），而畫中的恐龍是霸王暴龍（參照第 248 頁）。

帝龍與霸王暴龍都是屬於暴龍類的恐龍。本書中相同類群的恐龍還有五彩冠龍（第 88 頁）、華麗羽暴龍（第 146 頁）、南風血王龍（第 200 頁）、肉食阿爾伯托龍（第 232 頁）等等。帝龍是這些暴龍中最嬌小的一個。

帝龍的特徵不僅僅是個頭小，相較於霸王暴龍，頭部占身長比例較大（也就是說脖子很長），前肢也比較長。前肢有三指，這也和暴龍的兩指不同。

此外，帝龍很有可能全身有羽毛。身體嬌小體溫容易散失，羽毛在保暖這方面一定能發揮極大的幫助。

帝龍所憧憬的高大身材，後來的「子孫們」幫牠圓夢了。

Eomaia scansoria

攀援始祖獸

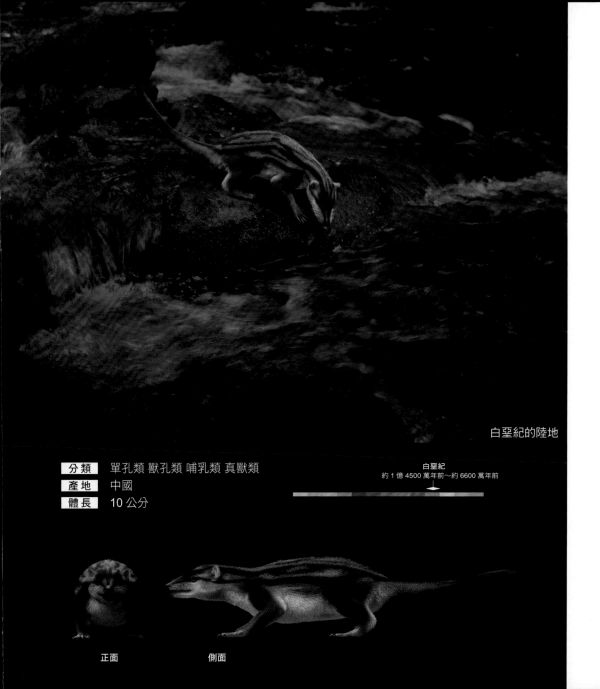

白堊紀的陸地

分類	單孔類 獸孔類 哺乳類 真獸類
產地	中國
體長	10 公分

白堊紀
約 1 億 4500 萬年前～約 6600 萬年前

正面　　　　側面

你在看什麼？

有一隻沒見過的小動物，十分好奇地和女孩一起盯著手機看，牠的學名是攀援始祖獸（*Eomaia scansoria*），有養寵物的人看到這畫面一定會莞爾一笑。

看到這個景象，你又有什麼感想？

什麼？覺得像老鼠？

你會這麼想也是無可厚非。如果聽到「就紀錄而言，這是恐龍時代的哺乳類」，那應該很多人聽了都會了然於心地說「原來如此」。

的確始祖獸就是既定的「恐龍時代哺乳類」形象。外表像老鼠，體型大小也像老鼠。

十分符合「在恐龍影子下躲躲藏藏……」的描寫。但是這種印象，早在獺形狸尾獸（第 90 頁）時就已經出現。

雖說如此，始祖獸在哺乳類史上還是有著非常重要的地位。此動物屬於哺乳類中的「真獸類」，是「最古老的種類」。在中生代繁盛的哺乳類群，很多無法躲過白堊紀末期的大滅絕事件，但是真獸類卻成功度過危機，一直繁衍到現在（人類、狗、貓，現在地球上很興盛的哺乳類大多都是真獸類）。

Kaganaias hakusanensis

白山加賀仙女蜥

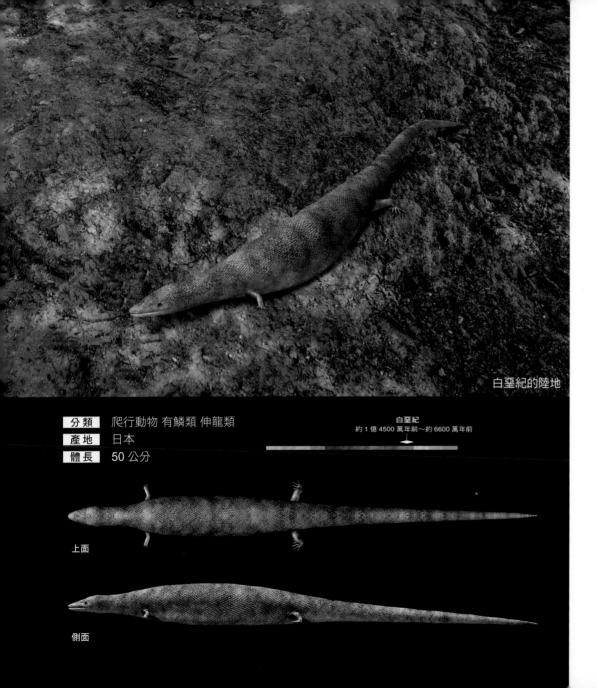

白堊紀的陸地

分類	爬行動物 有鱗類 伸龍類
產地	日本
體長	50 公分

白堊紀
約 1 億 4500 萬年前～約 6600 萬年前

上面

側面

　　應該有人假日的休閒活動是做蕎麥麵吧！這個時候如果家裡有養白山加賀仙女蜥（*Kaganaias hakusanensis*）就要特別小心了。

　　「啊！拿錯了！」

　　可能在不經意之間，就把加賀仙女蜥拿來當作擀麵棍了。這傢伙好像是很喜歡滾來滾去，所以偷偷混進來。

　　白山加賀仙女蜥的「*Kaga*」是取自「加賀」的日文發音，是日本石川縣的舊地名、藩名（現今石川縣的加賀地區與能登地區）；「*naias*」是「水之妖精」的意思，所以牠就是命名者靈感乍現的「加賀的水之妖精」。此外，「*hakusanensis*」是著名的神山「白山」，「*enisis*」是地名（男性）的接尾詞。正如同名字所示，是在石川縣加賀地區，靠近白山的桑島化石壁找到的化石。

　　加賀仙女蜥一言以蔽之就是「身體很長的蜥蝪」，屬於「伸龍類」。伸龍類是與滄龍類（例如第 172 頁等）親緣相近的類群。根據「紀錄」，加賀仙女蜥是最古老的伸龍類，因而備受關注。

Sarcosuchus imperator

帝王肌鱷

白堊紀的水邊

分類	爬行動物 鱷形類
產地	尼日 突尼西亞 阿爾及利亞
體長	12 公尺

白堊紀
約 1 億 4500 萬年前～約 6600 萬年前

上面

正面　　側面

　　一坐在公園的長椅上，忍不住就想躺下來，很多人都有這樣的經驗吧。尤其是新綠時節，氣溫冷熱宜人正適合。

　　但是最讓人擔心的還是治安問題。假寐的時候錢包等貴重物品會不會被偷？這種心神不安就成為在長椅上午睡的最大障礙。

　　是這樣的話，我推薦你就和俗稱帝鱷的帝王肌鱷（*Sarcosuchus imperator*）一起睡吧。帶著帝鱷一起散步，然後一起午睡。有隻光是頭部就達 1.6 公尺的動物睡在身旁，你看，就是這樣，應該根本不會有可疑人物接近。對比看門犬，這隻可以說是「看門鱷」（正確來說，帝鱷是屬於鱷形類，和現代鱷不同），效果不比看門犬差，而且應該更好吧。

　　帝王肌鱷是全長 12 公尺、重 8 公噸的龐大鱷形類，被稱為「超級巨鱷（Super Croc.）」。牠的吻部和現代的恆河鱷一樣細長，長度達頭骨整體的四分之三。吻部的尖端有一點點突起也是特色之一，年輕的個體似乎沒有突起。順道一提，個體要長到 12 公尺，通常已經超過 50 歲了。

Cycadeoidea

擬蘇鐵

白堊紀的陸地

分類	裸子植物
產地	美國 法國 義大利等
樹徑	60 公分

白堊紀
約 1 億 4500 萬年前～約 6600 萬年前

「嘰－嘰－」

冰冷的室內，傳出尖銳的聲響。

選手接到指示，開始揮動冰壺刷。選手一邊滑移，一邊以驚人的氣勢刷冰。

在磨好的冰上「刷～」的滑過去的不是冰壺球，好像是類似鳳梨的植物。

它的直徑和冰壺球差不多，但究竟是什麼呢？

觀眾們可能會這麼想吧。這個植物的學名是擬蘇鐵（Cycadeoidea），雖然是裸子植物，但是卻有像被子植物花朵一般的繁殖器官在樹幹表面。

根據「紀錄」，擬蘇鐵是從侏羅紀到白堊紀，在世界各地都很繁盛的植物。提到「恐龍時代（中生代）的植物」，通常會把眼光集中在高聳的裸子植物。不過也不能忽略妝點恐龍腳邊的擬蘇鐵，它是中生代不可或缺的配角。

擬蘇鐵有好幾個種類，其中也有長得比較大的。這次拿來當作冰壺球的只是其中一種，但究竟是屬於哪個種類並不清楚，這裡是採用較一般的尺寸數字。這棵樹的直徑拿來當冰壺球剛剛好，當然啦，在正式的比賽規定中，是不能使用擬蘇鐵的，太可惜了。

Amargasaurus cazaui

卡氏阿馬加龍

白堊紀的陸地

分類	爬行動物 恐龍類 蜥臀類 蜥腳形類 蜥腳類
產地	阿根廷
體長	13公尺

白堊紀
約1億4500萬年前～約6600萬年前

正面

側面

　彩繪玻璃長廊在陽光照射下，更顯得燦爛奪目。在欣賞此景之際，沒想到有一隻蜥腳類走了過來，牠是卡氏阿馬加龍（*Amargasaurus cazaui*）。

　阿馬加龍有小小的頭、長長的脖子、粗壯的四肢和長尾巴……等，很多蜥腳類共同的特點。再來，就「大小」而言，被歸類於中型種類（中型偏小），不像第104頁介紹的馬門溪龍、第160頁的巴塔哥尼亞巨龍的超大型種類，也不是第106頁豪氏歐羅巴龍這種小型種類。也就是說，以大小的觀點來看，阿馬加龍絕對不算非常醒目。

　但是阿馬加龍一眼就能辨識出來，因為從頭部延伸到背部，頸椎處有細長的棘刺，在蜥腳類中格外顯眼。

　這些棘刺到底有何功用，目前還不清楚。有的見解認為棘刺長在對動物而言比較脆弱的「頭部」，應該具有防禦的功能。但是這些棘刺又過於細長，以防禦來說能不能派上用場還是一個謎。也有人認為棘刺之間可以互相碰撞，刻意的發出聲音，不過這也是個未定論。

　……話說回來，阿馬加龍與彩繪玻璃的莊嚴感竟莫名的協調。既然這樣，那就後退一步，好好的欣賞牠的姿態吧！

Sinosauropteryx prima

原始中華龍鳥

白堊紀的森林

白堊紀
約 1 億 4500 萬年前～約 6600 萬年前

側面

　　正打算拍攝坐在地上的環尾狐猴，旁邊來了一隻小恐龍。全身有短毛，咖啡色的背部和白色的腹部，尾巴和環尾狐猴有著同樣的環狀花樣。仔細一看，眼睛周圍不像環尾狐猴那麼黑。牠是原始中華龍鳥（*Sinosauropteryx prima*）。

　　中華龍鳥乍看之下是很樸素的小小的羽毛恐龍，沒有長爪，也無特別的翅膀。但是在古生物學史上，卻有著里程碑的地位。打開現在的圖鑑，會看到有很多恐龍有著羽毛，其中最早被發現的就是中華龍鳥。1996 年，中華龍鳥被確認為是有羽毛的恐龍。從這隻恐龍之後，開始陸陸續續發現了其他有羽毛的恐龍。

　　由於發掘了保存極好的中華龍鳥標本，所以可以藉由分析得知各種資訊。一般來說，不限於恐龍，幾乎所有的古生物化石都不會留有顏色和花樣。但是有極少數可以推測當時的顏色，中華龍鳥正是這樣「稀有」的恐龍之一。上述介紹的顏色形態，是根據 2017 年所發表的研究報告，一切都是有科學根據的推測。

　　話說這隻中華龍鳥，是因為有著環尾狐猴尾巴的花色，所以才讓人對牠有親切感吧。

Microraptor gui

顧氏小盜龍

白堊紀的森林

分類	爬行動物 恐龍類 蜥臀類 獸腳類
產地	中國
體長	70 公分

白堊紀
約 1 億 4500 萬年前～約 6600 萬年前

上面

側面

正面

　　聖誕老公公和恐龍一起來到……小朋友們一定會喜出望外。為了達成這個目標，必須開始訓練「恐龍小信差」不可，這次選擇的拍檔是顧氏小盜龍（*Microraptor gui*）。

　　這隻有羽毛的恐龍是出了名的不挑嘴，不管是小鳥、小魚、小型哺乳類，基本上只要牠抓得到的獵物，什麼都吃。如果從小開始飼養，習慣人類餵食，那在照顧和訓練上應該就不會像其他恐龍那麼難。

　　顧氏小盜龍是恐龍研究史中重大驚奇的一頁。2003 年第一次發表此種，以「後腳有翅膀」而受到矚目，因為現代的鳥類都是以「前肢的翅膀」飛翔。和已滅絕的翼龍同樣後腳帶翅膀的動物，大概就像第 38 頁介紹的沙洛維龍。但是相較於沙洛維龍「主翼為後翼」，顧氏小盜龍的前肢也有翅膀。所以說，這隻恐龍有「四個翅膀」！ 20 世紀末開始陸續發現有羽毛的恐龍化石，在帶羽毛恐龍蔚為話題之際，顧氏小盜龍可說是一大亮點。

　　但四個翅膀要如何使用還是一個謎團。如果可以飼養顧氏小盜龍，我想最想養牠的應該不是小孩子，而是研究學人員吧。

Yutyrannus huali

華麗羽暴龍

白堊紀的森林

分類	爬行動物 恐龍類 蜥臀類 獸腳類 暴龍類
產地	中國
體長	9公尺

白堊紀
約 1 億 4500 萬年前～約 6600 萬年前

正面　　　　　　　側面

非常適合在下雪的溫泉街上散步的這隻恐龍，學名是華麗羽暴龍（Yutyrannus huali）。牠是與霸王暴龍（第 248 頁）同樣屬於「暴龍類」的肉食性恐龍，根據紀錄，比霸王暴龍還早數千萬年前出現，棲息於亞洲地區。

近年來復原恐龍的時候，很多都會加上羽毛。但是並非有找到這麼多帶羽毛的化石，而是因為發現近緣種有羽毛，以此類推。不過華麗羽暴龍的復原卻有其根據，牠是真的確定全身有羽毛。

有關羽毛功用最普遍的見解，第一個就是保持體溫。以動物的生理機能來說，基本上是尺寸越大保溫性越好，小型種類的熱量較容易散失。因此在復原恐龍時，通常是小型種類有羽毛較具說服力。那小到什麼尺寸的恐龍「復原的時候要有羽毛」，至今還爭論不休。

再回到華麗羽暴龍，這隻 2012 年被發現的恐龍，體長 9 公尺，當然不是小型種類。如果這種恐龍有羽毛，那可見得大型種類也可能有羽毛。本來華麗羽暴龍棲息的地區，就是年平均氣溫 10℃的寒冷地帶。即使大型種類也會生存於「需要有羽毛的環境」。

Repenomamus gigantius

巨爬獸

白堊紀的陸地

分類	單孔類 獸孔類 哺乳類 真獸類
產地	中國
體長	80 公分

白堊紀
約 1 億 4500 萬年前～約 6600 萬年前

正面　　　　　側面

和拉不拉多犬一起快樂散步的動物是巨爬獸（*Repenomamus gigantius*），是有著健壯下顎和銳利牙齒的哺乳類。

根據研究「紀錄」，巨爬獸生活在白堊紀。

約莫大型犬的尺寸，而且確認是肉食性的白堊紀哺乳類！

到 2005 年發現此種爬獸之前，白堊紀的哺乳類相較於恐龍，都被視為「弱者」。但是如果是大型犬尺寸的肉食性動物，就稱不上是弱者了。在較為小型的近緣種強壯爬獸（*Repenomamus robustus*）的化石體內，有發現被咬斷的植食性恐龍幼體化石。也就是說，小型的強壯爬獸會襲擊恐龍（幼體），那大型的巨爬獸就更不用說了。

巨爬獸證明在恐龍時代的哺乳類，並不是單純只會受到恐龍掠食。

一般牽著大型犬散步的時候，要特別注意拉力。巨爬獸的體重約 14 公斤，相當於中型犬，所以散步時不用那麼費神，還滿適合當寵物的呢。

Tupandactylus imperator

帝王雷神指翼龍

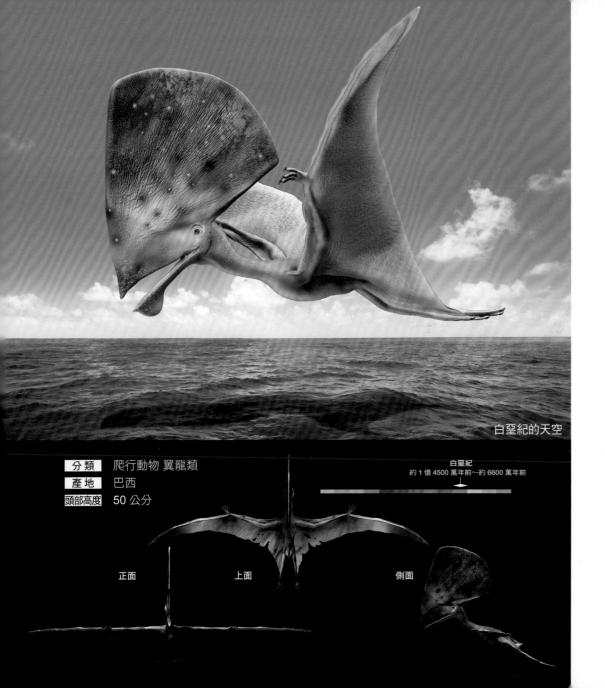

白堊紀的天空

分類	爬行動物 翼龍類
產地	巴西
頭部高度	50 公分

白堊紀
約 1 億 4500 萬年前～約 6600 萬年前

正面　　　　　　上面　　　　　　側面

天氣晴朗，正適合洗衣、曬衣。

洗乾淨的白襯衫有一件、兩件、三件……咦？

好像曬了一件很特別的東西。

你應該也發現了吧？

曬在那裡的「特別的東西」，學名叫作帝王雷神指翼龍（*Tupandactylus imperator*）。這隻翼龍類看起來沒有不開心，還一副放鬆的姿態，難道牠喜歡日光浴？

雷神指翼龍是頭部有大型頭冠的代表性翼龍。翼龍類有頭冠的種類不少，但是都沒有像雷神指翼龍的這麼大。牠們的頭部含頭冠高達 50 公分，長度將近 80 公分。

雷神指翼龍頭冠的特徵，在於大部分是由皮膜所組成。骨骼的部分只有上下細細兩條，中間都是軟組織，宛如快艇的風帆。以翼龍類來說也是非常稀有的特徵。

為什麼會有這麼大的頭冠，目前尚未有定論。到底在空中飛翔的時候會不會造成妨礙？受到強風吹拂的時候，脖子受得了嗎？這些都一無所悉。

不過即使搞錯，也不至於把牠當成襯衫來曬啦……。

フクイサウルス
Fukuisaurus

Fukuisaurus tetoriensis

手取福井龍

白堊紀的森林

分類	爬行動物 恐龍類 鳥臀類 鳥腳類
產地	日本
體長	4.5 公尺

白堊紀
約 1 億 4500 萬年前～約 6600 萬年前

正面　　　　　　側面

「福井龍同學從今天開始加入我們，大家要和睦相處。那就請福井龍同學來自我介紹。」

如果有這種恐龍轉學生，校園生活一定會很有樂趣……或許啦。

很適合在教室上課的手取福井龍（*Fukuisaurus tetoriensis*），是隻只比黑板長一點的植食性恐龍。如同名稱「*Fukui*」所示，牠是在日本福井縣找到的恐龍化石之一，於 1989 年被發掘，2003 年正式命名。而「*tetoriensis*」是指化石發現的所在地層——手取層群。

手取層群的化石產出量居日本之冠，曾發掘出好幾個新種恐龍化石。冠上縣名的福井恐龍，除了第 154 頁介紹的北谷福井盜龍之外，還有福井巨龍（*Fukuititan*）之類的蜥腳類。但是福井巨龍被發現的部位很少，尚無法勾勒出具體的模樣。根據「紀錄」，是與北谷福井盜龍生存在相同時代與地區。

福井龍與恐龍研究史上最早期的種類——禽龍（*Iguanodon*）是近親。但是相較於禽龍，福井龍的尺寸小了一半，以近緣種來說，是被歸類於較小型的種類。

Fukuiraptor kitadaniensis

北谷福井盗龍

白堊紀的森林

分類	爬行動物 恐龍類 蜥臀類 獸腳類
產地	日本
體長	4.2 公尺

白堊紀
約 1 億 4500 萬年前～約 6600 萬年前

上面

正面

側面

「喂～你功課寫完了嗎？」

加入高中生（人類）男女談話的是一隻北谷福井盜龍（*Fukuiraptor kitadaniensis*），完全就是早晨上學的即景。不過……再怎麼看，福井盜龍都像個不解風情的電燈泡。

非常能夠融入日本街景的恐龍，如同名字所示是產於福井縣。特色是前肢有大大的爪子，還有長長的後腳，整體修長苗條。牠是第 114 頁介紹的異特龍的近親，全長 4.2 公尺，以異特龍來說算是小型種類。但是有一說法是體型會隨著個體及成長階段而不同，如果年紀更長也有可能變大。如果是亞成體，那一起去上學也未嘗不可吧？

福井縣現在以「恐龍王國」而享有高知名度，支撐整個王國的是石川縣附近找到的大量恐龍化石。這些化石於 1982 年被發現，之後不斷進行調查與大規模的挖掘。福井盜龍是 2000 年發現並命名的新種恐龍，牠是首次以日本產的化石，成功的完成全身骨骼復原，具有里程碑的重要意義。

在現實世界中，即使是恐龍王國福井縣，應該也看不到「和恐龍一起上學」的景象吧。

Tambatitanis amicitiae

友誼丹波巨龍

白堊紀的陸地

分類	爬行動物 恐龍類 蜥臀類 蜥腳形類 蜥腳類
產地	日本
體長	15 公尺

白堊紀
約 1 億 4500 萬年前～約 6600 萬年前

正面　　　　　側面

如果你造訪神戶，那推薦在日落後到港口邊走走。尤其是在摩天輪附近，最適合情侶約會散步，是神戶最具代表性的約會景點之一。

而且最近港口邊開始有大型恐龍散步喔！恐龍的學名是友誼丹波巨龍（*Tambatitanis amicitiae*）。如同名字裡的「丹波」，牠是在和神戶同屬於兵庫縣的丹波市被發掘的蜥腳類，也是兵庫縣最具代表性的恐龍。

日本其他地區也有蜥腳類化石，但是都只有一小部分，很難推測體長。另一方面，由於丹波巨龍找到比較多部位，所以可以推測體長約 15 公尺。牠是有日本學名的恐龍之中尺寸最大的（在本書撰寫當下）。

丹波巨龍化石發掘的地點，離神戶港開車還要一小時以上。就這個距離來說，丹波巨龍要花多久時間才走得到呢？丹波市一旁的丹波篠山市以埋藏恐龍化石的地層聞名，不妨去問問那裡的研究單位吧。

當然在現實世界中，到神戶港也不會遇到丹波巨龍……應該不會。

Deinonychus antirrhopus

平衡恐爪龍

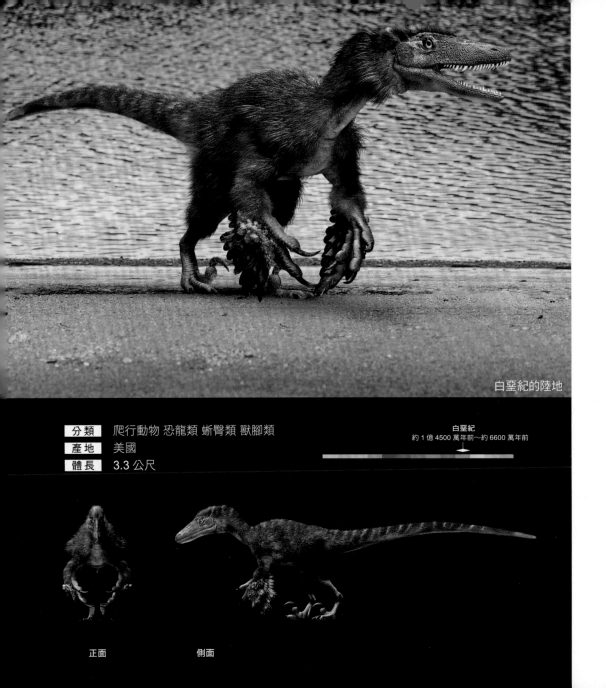

白堊紀的陸地

分類	爬行動物 恐龍類 蜥臀類 獸腳類
產地	美國
體長	3.3 公尺

白堊紀
約 1 億 4500 萬年前～約 6600 萬年前

正面　　　　側面

喂～喂～你在煮什麼啊？

這隻小型的肉食恐龍——平衡恐爪龍（*Deinonychus antirrhopus*），露出好奇的神情靠了過來。

巧妙融入廚房的這隻恐龍，口中有尖銳的牙齒，腳上有大大的鉤爪。聽說是電影《侏羅紀公園》裡頭「麻煩人物」的原型，難怪會出現在廚房。（不懂的人請趕緊去看一下《侏羅紀公園》第一集）。

和廚房場景非常匹配的這隻恐龍，口中有利齒，腳上有大鉤爪。

恐爪龍在「恐龍研究史」上是很有存在感的一員。以往對於恐龍的印象都是停留在「笨重且不太聰明的爬行動物」，但是 1969 年發現的恐爪龍，怎麼看都不像是「笨重且不太聰明的爬行動物」，更適合輕巧的狩獵姿態。隨著恐爪龍的研究，也將恐龍的印象修正為「有活力且有攻擊性的動物」。

對於建構現今恐龍形像有莫大貢獻的恐爪龍，在現今幾乎成為定論的「恐龍為鳥類起源說」上，也被認為是起點。

根據近年來的研究指出，恐爪龍和近緣種都有高智商。智商高又敏捷的肉食性恐龍……我看，還是趕緊先給牠點食物比較好吧。

Patagotitan mayorum

馬氏巴塔哥尼亞巨龍

白堊紀的陸地

分類	恐龍類 蜥臀類 蜥腳類
產地	阿根廷
體長	37 公尺

白堊紀
約 1 億 4500 萬年前～約 6600 萬年前

側面

東京車站前面有隻巨大恐龍！

這隻龐然大物全長 37 公尺、體重 69 公噸！

這大概是目前所知的史上最大的陸棲動物了。

沒錯，只是「大概」。

首先，在發現此化石之際，發表的數字是體長 40 公尺。但是到了學術論文研究階段，體長往下修正了一成。

究竟「37 公尺」是對是錯，還是個問題。因為越大型的生物，越不容易留下全身性的化石。巴塔哥尼亞巨龍被找到可以作為研究的標本，是大腿骨、肋骨、一部分的脛骨。以這些化石的資料，再加上其他個體的數據，復原後的體長預估值是 37 公尺。

超過 30 公尺的超大型種類，都是學者的推測值。因此很多標示不是用「史上最大」，而是用「史上最大等級」，以「等級」來界定「最大」。這個 37 公尺的數字，與其說是「獨一無二最大」，還不如說是「最大等級」，跟馬門溪龍（第 104 頁）差不多同等級會比較好。

所以說，馬氏巴塔哥尼亞巨龍（*Patagotitan mayorum*）是史上最大等級的陸生動物。

晚白堊世

Late Cretaceous epoch

Cenomanian
Turonian
Coniacian
Santonian
Campanian
Maastrichtian

超級有名的古生物

大多是在白堊紀晚期登場，開始於距今約 1 億 100 萬年前，持續到 6600 萬年前。以一般人的角度來看，應該是最為人熟知的時代。即使不知道「晚白堊世」這個時代名稱，此時上場的古生物也都赫赫有名。因為這個時代的地層特別集中於北美大陸，並找到了大量的恐龍化石。肉食性恐龍霸主、武裝恐龍，這些都是晚白堊世的古生物。

但是在某位「明星」上場後，晚白堊世就畫下句點。在晚白堊世的 3500 萬年間，還有很多古生物登場。在日本，尤其是北海道有很多這個時代海洋形成的大規模地層，發現很多菊石及其他種類的化石。在只有恐龍備受注目的晚白堊世，以全球角度來看，也是海棲生物產生重大「變化」的時代。

*Najash
rionegrina*

里奧內格羅納哈什蛇

白堊紀的陸地

分類	爬行動物 蛇類
產地	阿根廷
體長	2 公尺

白堊紀
約 1 億 4500 萬年前～約 6600 萬年前

上面

側面

「今天準備開始幹活囉！」

男子對著他的蛇類夥伴們吆喝了一聲。其中有一隻是眼鏡蛇，另外一隻是里奧內格羅納哈什蛇（*Najash rionegrina*）。

納哈什蛇乍看之下就像是隻「普通的蛇」，不過希望你仔細地瞧瞧牠。從頭到尾，好好的看一遍……，沒錯，你發現了吧，牠有一對小腳。實際上納哈什蛇是「有後腳的蛇」。

根據「紀錄」，一般認為白堊紀晚期出現的蛇類剛開始是有四肢、長得像蜥蜴的爬行動物，隨著演化而四肢依序消失。但是有關腳到底是在「什麼環境」下消失，有兩種假說，目前尚無法斷定哪一種正確。

假說之一，是說在海中游泳所以腳就消失了，這就是「蛇類水中演化論」。證據是來自於，在以色列發現「有後腳的海蛇」的化石。

另一個假說，是「蛇類陸地演化論」。這是因為在半地底的生活，在地底移動時，慢慢演化為沒有腳的物種。納哈什蛇就是這個假說的證據之一。

目前除了納哈什蛇之外，還發現好幾個證據（化石），所以這兩個假說之中，以「蛇類陸地演化論」較具優勢。

Giganotosaurus carolinii

卡氏南方巨獸龍

白堊紀的陸地

分類	爬行動物 恐龍類 蜥臀類 獸腳類
產地	阿根廷
體長	14 公尺

白堊紀
約 1 億 4500 萬年前～約 6600 萬年前

正面　　　　　　側面

　來到南美大陸的高地旅行，最想看的就是駱馬群。況且還有可能會遇到卡氏南方巨獸龍（*Giganotosaurus carolinii*）一起散步喔！

　南方巨獸龍是比暴龍（第 248 頁）的體長還要大 2 公尺的獸腳類，但是體重差不多。也就是說，比暴龍苗條一些。獸腳類體型更大的還有第 168 頁的埃及棘龍，但是牠的主食是魚類，所以如果以「純粹的肉食性」而言，南方巨獸龍是「最大種類」。廣義來說是異特龍的近親，與同樣「純粹肉食性」的大型恐龍——暴龍，親緣關係比較遠。

　根據「紀錄」，南方巨獸龍是在白堊紀中期現蹤，是比白堊紀末期才登場的暴龍還要早 2000 萬年以上出現的「霸者」。由於被發現的化石數量很有限，所以在白堊紀中葉登場之後，到底在大型肉食性恐龍的王位稱霸了多久，並不清楚。

　當然，現在牠也沒有生活在南美洲，不過萬一你有看見牠，還是不要隨便接近，畢竟牠可是「史上最大等級的陸棲肉食性動物」。

Spinosaurus aegyptiacus

埃及棘龍

白堊紀的水邊

分類	恐龍類 蜥臀類 獸腳類
產地	埃及 摩洛哥 突尼西亞等
體長	15 公尺

白堊紀
約 1 億 4500 萬年前～約 6600 萬年前

正面　　　側面

「都釣不到魚～」

「是那隻恐龍的問題吧？」

「但是，牠好像也沒抓到魚呢。」

「……那我們『三個』來比賽，看誰最先釣到魚！」

似乎可以聽見這樣的對話。

和釣客一起「釣魚」的是埃及棘龍（*Spinosaurus aegyptiacus*）。背上有帆非常醒目的這隻恐龍，是屬於肉食性的「獸腳類」，而且是目前所知最大的。「獸腳類最大」的意思，就是比以「大」出名的霸王暴龍（第 248 頁）還要大。

若說棘龍是「肉食性（吃陸棲動物）」，還不如說是以「魚食」為主。細長的吻部方便在水中移動，圓錐形的牙齒也適合刺穿魚類。

棘龍「最好的標本」在第二次世界大戰的空襲中被毀，因此有關全身復原形象有好幾種論點。根據 2014 年的電腦研究報告，牠有著獸腳類罕見的短後腳，因此在四足步行之外，應該是以在水中生活居多。

但是 2018 年又有其他人提出相反的觀點，所以討論仍在持續中。

Cretoxyrhina mantelli

曼氏白堊尖吻鯊

分類	軟骨魚類 板鰓類
產地	美國 瑞典 加拿大等地
體長	8公尺

白堊紀
約 1 億 4500 萬年前～約 6600 萬年前

側面

正面

白堊紀的海洋

「哇！好大喔！」

這家水族館的軟骨魚類展品非常豐富。一家人來到曼氏白堊尖吻鯊（*Cretoxyrhina mantelli*）的水槽前面，大而尖銳的牙齒、強壯的魚鰭。時而高速游泳，驚嚇水槽裡的其他魚類。

白堊尖吻鯊稱得上是「最強最恐怖」的海棲動物之一，是白堊紀晚期最具代表性的軟骨魚類。相同海域有許多海棲動物，白堊尖吻鯊與大型的滄龍類是生態系的王者。

很多海棲動物的化石上，都可以辨認出白堊尖吻鯊的齒痕。這些齒痕有些被認為是「痊癒的傷痕」。有痊癒疤痕代表這個獵物受到攻擊後有逃過一劫，也就是說，可作為白堊尖吻鯊會攻擊活生生的獵物的證明。此外，白堊尖吻鯊的齒痕大多在獵物的下顎附近。下顎……

旁邊就是「喉嚨」了，就是脊椎動物的弱點之一。白堊尖吻鯊能確實攻擊獵物的弱點，這就是牠恐怖的地方。

飼養的時候當然要特別小心，基本上都要讓牠處於吃飽喝足的狀態。不過餵過頭，轉眼間就會長很大。聽說有水族館甚至養到將近 10 公尺大……

Platecarpus
tympaniticus

鼓膜扁掌龍

白堊紀的海洋

分類	爬行動物 有鱗類 滄龍類
產地	美國
體長	6公尺

白堊紀
約 1 億 4500 萬年前～約 6600 萬年前

側面　　　　　　　正面

　「咦～今天很稀罕喔！這不是滄龍類嗎？」

　早晨的魚市場，一隻海棲爬行動物和冷凍的鮪魚放在一起。

　這隻海棲爬行動物的學名是鼓膜扁掌龍（*Platecarpus tympaniticus*），屬於滄龍類。

　聽到那位買家不經意的一句話，其他的買家也都圍了過來。能捕到滄龍類非常罕見，上次究竟是賣價多少？一位買家正回想著，另一位買家則是為了打電話回公司而離開現場。

　說到「滄龍類」，在知名電影《侏羅紀公園》系列中一戰成名。尤其是在 2015 年上映的第四部《侏羅紀世界》故事中算是要角。應該有不少人都對牠龐大的身形印象深刻吧！

　電影中的滄龍類為了講求「效果」，所以尺寸上比較誇張。目前最大的滄龍類是 16 公尺，其餘大部分都在 10 公尺以下。鼓膜扁掌龍算是中型種類。

　哇，沒想到竟然連媒體都來採訪了，看來這隻鼓膜扁掌龍會是今天拍賣會的焦點。

Eubostrychoceras japonicum

日本真螺旋菊石

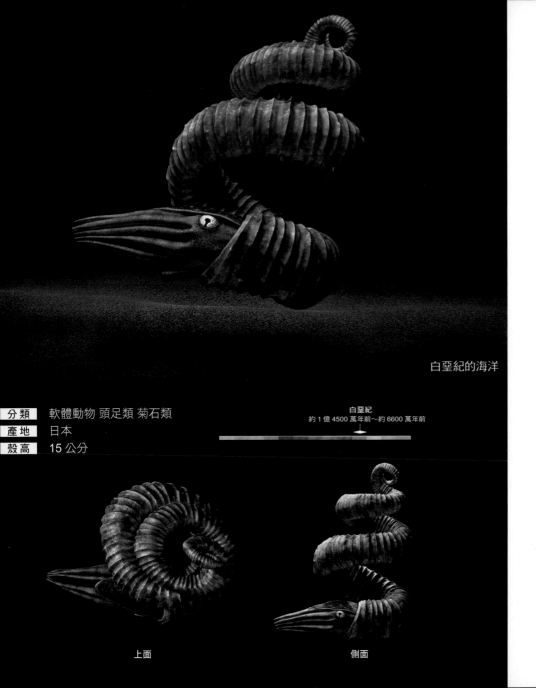

白堊紀的海洋

白堊紀
約 1 億 4500 萬年前～約 6600 萬年前

上面　　　　　　　　　　　側面

有沒有過這種經驗？

準備要開紅酒的時候，正打算拿起開瓶器，結果一不小心竟然拿到放在一起的日本真螺旋菊石（*Eubostrychoceras japonicum*）。

「我懂我懂～」

同時喜歡菊石又愛紅酒的人，一定有過這種經驗。因為不管是紅酒開瓶器或是這個菊石都像螺絲一樣旋轉捲曲的。

「啊？菊石？」

也有人看到時可能會非常訝異。

真螺旋菊石雖然形狀迥異，但也是菊石的一員，又被稱為「異常捲曲菊石」。雖然說是「異常」，但並不是指遺傳性及病理性的異常，或是演化上的偏差。僅僅是表示跟平常常見的「平面螺旋狀菊石」（捲曲方向正常）不同而已。（另外，本書沒有收錄捲曲方向正常的菊石，因為要選哪個種類太過困難……。老實說，完全是因為企畫的時候疏忽了，非常抱歉）

除了乍看之下非常珍奇的真螺旋菊石，其實還有捲曲得更異常的菊石在下一頁等著大家。根據某研究顯示，真螺旋菊石和下一頁介紹的菊石有親緣關係，真螺旋菊石是祖先型，下一頁的是後裔型。

Nipponites mirabilis

奇異日本菊石

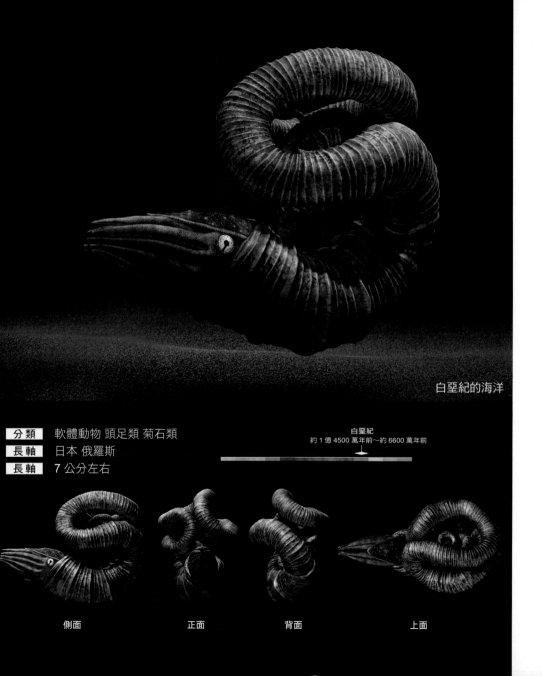

白堊紀的海洋

分類	軟體動物 頭足類 菊石類
長軸	日本 俄羅斯
長軸	7 公分左右

白堊紀
約 1 億 4500 萬年前～約 6600 萬年前

側面　　　　正面　　　　背面　　　　上面

你能舉出一個日本最具代表性的古生物嗎？

應該是這個傢伙吧——奇異日本菊石（*Nipponites mirabilis*），牠屬於菊石類。

從名字就可以看出是日本的代表，「*Nipponites*」的意思就是「日本的」。日本菊石是日本古生物學會的象徵圖案，自 2018 年起，便將命名此新種菊石的日期 10 月 15 日，明訂為「日本化石日」。

「*mirabilis*」有「驚奇」的意思。如同字面上的意義，日本菊石說得再怎麼婉轉，形狀也真的是很怪。如同蛇一般複雜扭曲的外殼，也是會被稱為「異常捲曲菊石」的一種。但是乍看之下很複雜奇異的日本菊石殼捲曲方式，卻可以用數學算式來計算，也就是說，是有規律性的。而且利用這個算式來模擬，還可以推算出牠是真螺旋菊石的後裔。把公式「稍微更動」，外殼的捲曲方向就可以從真螺旋菊石變成日本菊石。根據「紀錄」，牠是生活在白堊紀西北太平洋（後來的北海道）的菊石。

代表日本，當然與日本景緻最搭配。從茶釜取水的時候，也一起把日本菊石舀了出來。真希望能有這樣的日常即景（不過如果沒注意水溫，可能會變成「燙日本菊石」了）。

177

Uintacrinus socialis

群聚猶因他海百合

白堊紀的海洋

分類	棘皮動物 海百合類
產地	加拿大 法國 美國等
體長	1公尺

白堊紀
約1億4500萬年前～約6600萬年前

側面

上面

「哇～～～！」

小女孩一邊開心大喊著一邊奔跑，她手中拿著棒子，前端是彩帶。跑得越快，彩帶也被風吹得越高……。

…

……

………彩帶？

不對，不是，好像哪裡有問題。她手中的棍棒，前端不是彩帶，那是群聚猶因他海百合（*Uintacrinus socialis*），屬於海百合類。

海百合類誠如其名，是海棲類。不過也跟名字相左，牠不是百合（植物），而是動物。和海星、海膽一樣同屬棘皮動物，在古生代曾經非常興盛。中生代以後仍有繁衍，現代的深海中也可以看到牠的蹤跡，但相較於古生代，個體數量和種類都大為減少。

猶因他海百合是「稀有」的白堊紀海百合之一。多數海百合的身體由「莖」「萼」「腕」所構成，但猶因他海百合沒有莖，而且腕比較長，是一大特色。

猶因他海百合的化石都是成群結隊，1平方公尺有50個也不算少見，但生態至今仍是個謎。有關棲息的姿勢，目前認為是只有萼的部分可以漂浮。

Nyctosaurus gracilis

纖細夜翼龍

白堊紀的天空

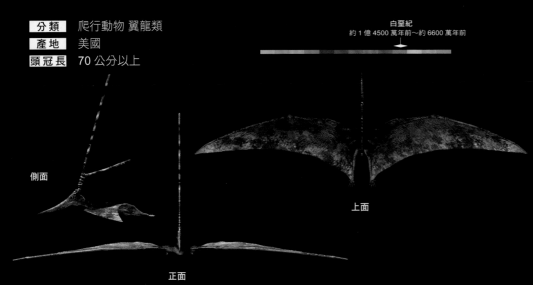

分類	爬行動物 翼龍類
產地	美國
頭冠長	70 公分以上

白堊紀
約 1 億 4500 萬年前～約 6600 萬年前

側面

正面

上面

把頭靠在扶手上休息一下，竟然不小心就睡著了。一覺醒來……發現自己被麻雀包圍。

「唉呀～怎麼辦啊？」

被麻雀包圍的翼龍類——纖細夜翼龍（*Nyctosaurus gracilis*）內心正上演小劇場。難得麻雀們這麼放心的聚集到這裡休息，自己如果移動了好嗎？纖細夜翼龍疑惑得不知該如何是好。

在頭部碩大的翼龍類之中，根據種類不同，有各式各樣的頭冠。纖細夜翼龍的頭冠尤其獨特，很像英文字母「Y」。往上分叉的兩根「軸」，一長一短。長的那一根離基部超過 70 公分。另一根短軸則往水平方向延伸，剛好是可以讓麻雀等小型鳥類停駐小憩的粗細。

有這麼長的頭冠，也有可能像第 150 頁介紹的帝王雷神指翼龍一樣，頭冠是骨架，外面有皮膜覆蓋。不過有關纖細夜翼龍的皮膜，目前尚未找到。

根據「紀錄」，纖細夜翼龍與第 190 頁的長頭無齒翼龍，兩者並列為白堊紀美國代表性翼龍類。飛行能力佳，被認為可以飛到海上（然後再飛回陸地）。

Futabasaurus suzukii

鈴木雙葉龍

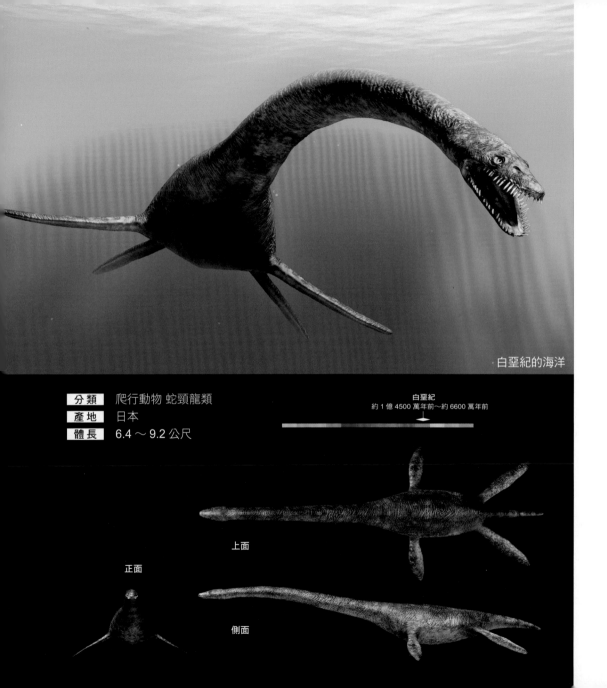

白堊紀的海洋

分類	爬行動物 蛇頸龍類
產地	日本
體長	6.4～9.2公尺

白堊紀
約 1 億 4500 萬年前～約 6600 萬年前

正面

上面

側面

這隻古生物很適合「池塘」一景。

不過根據「紀錄」，牠的棲息地其實是「海洋」，有這種印象並不正確。

即便如此，牠還是與池塘比較匹配。

這個廣為人知的日本代表性古生物，叫鈴木雙葉龍（*Futabasaurus suzukii*）。

在池塘準備划船的時候，這個傢伙跑來撒嬌。如果你到放養鈴木雙葉龍的池塘去玩，很可能會有此體驗。就像是在試探「船撐得住嗎？」而跑來嬉鬧的鈴木雙葉龍，玩過頭可是會把船弄沉的，不過牠「本人」並沒有惡意。

鈴木雙葉龍在日本擁有特別高的知名度，理由就在研究與普及歷程中。高中生鈴木直於 1968 年在福島縣的雙葉層群，發現了牠的化石。比戰後日本第一次發現恐龍化石還要早 10 年，所以引起非常大的關注。之後在 1980 年上映的電影《哆啦 A 夢：大雄的恐龍》中，有出現牠可愛的身影；在 2006 年《哆啦 A 夢：新大雄的恐龍》中又再次登場。恰到好處的媒體曝光時間間隔，讓鈴木雙葉龍的名字普及各個世代。（如果對於文章開頭的池塘或小船情節不太清楚的朋友，可以去看電影，片中鈴木雙葉龍的名字就叫「嗶之助」）

啊～嗶之助……

Xiphactinus audax

勇猛劍射魚

白堊紀的海洋

分類	輻鰭魚類 骨舌魚類 乞丐魚類
產地	加拿大 美國
體長	5.5 公尺

白堊紀
約 1 億 4500 萬年前～約 6600 萬年前

正面　　　側面

為了觀察大白鯊之類的凶猛大型鯊魚，所以進入金屬防鯊籠潛入水中。這一幕應該有人看過吧。

本來打算要觀察大白鯊，但是卻看到前所未見的大型魚類……這算是幸，還是不幸呢？

出現在潛水客面前的是勇猛劍射魚（*Xiphactinus audax*），特徵是帶點戽斗的下顎，還有銳利的尖牙。

看到這番景象，請趕快先回到防鯊籠裡。劍射魚有發達的尾鰭，能夠高速游泳。馬馬虎虎的話，可是會喪命。

快！十萬火急！

其實進到防鯊籠裡也不見得一定「安全」，因為劍射魚是生命史上出了名的「凶暴魚」。曾發現過把親緣相近的魚類（也是有一定「危險感」）整隻吞下肚的標本。

根據「紀錄」，劍射魚是棲息在「西部內陸海道」，這是白堊紀時將北美大陸一分為二的南北細長海洋。

目前來說，劍射魚並沒有存活在白堊紀以後的時代，所以大可放心……吧。

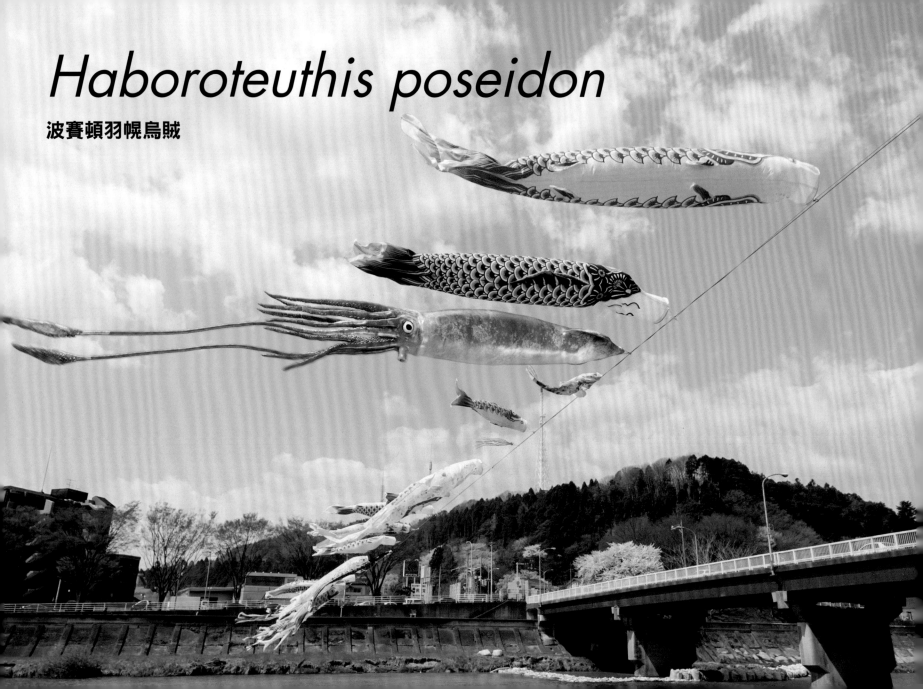

Haboroteuthis poseidon

波賽頓羽幌烏賊

白堊紀的海洋

分類	軟體動物 頭足類 烏賊類
產地	日本
體長	12公尺

白堊紀
約 1 億 4500 萬年前～約 6600 萬年前

正面

側面

　飄揚在春日晴空下的鯉魚旗，十足風和、暖陽的景致。但是這個景致，怎麼有點……怪怪的。紅鯉魚是媽媽、黑鯉魚是爸爸……，奇怪，從沒見過有這種鯉魚？不對，這根本就不是鯉魚！

　烏賊，而且是超大隻的烏賊。「莫非這是傳說中的大王烏賊？」你可能會這麼認為。

　牠的確是大王烏賊等級的大傢伙，但是，並不是一般人所熟知的巨烏賊（*Architeuthis dux*）。實際上，這隻烏賊的學名是波賽頓羽幌烏賊（*Haboroteuthis poseidon*），有著海神名字的大型種類，也被暱稱為「羽幌大王烏賊」。「羽幌」是指化石的發現地──北海道羽幌町。

　根據「紀錄」，羽幌烏賊是生活在白堊紀北海道（當時為海底）的軟體動物。如字面意思一樣，全身幾乎都很柔軟，很難留下化石。但是有個部位很堅硬，那就是顎，就是我們常吃的下酒菜「龍珠」（20 歲以上才能飲酒）。

　羽幌烏賊是發現了顎的化石，而以此推測出體長。

Hesperornis regalis

王室西方鳥

白堊紀的海洋

分類	鳥類
產地	加拿大 美國
體長	1.5公尺

白堊紀
約 1 億 4500 萬年前～約 6600 萬年前

上面

正面

側面

你家的孩子是怎麼學游泳的呢？

在我們家，女兒是藉助俗稱黃昏鳥的王室西方鳥（*Hesperornis regalis*）的力量，這隻游泳健將是家庭成員之一。女兒一邊追著西方鳥，不知不覺就學會了游泳。

根據「紀錄」，晚白堊世中葉，將北美大陸分成東西兩邊的狹長海洋「西部內陸海道」，就是西方鳥的棲息地。西方鳥沒有翅膀，如果在現代的話可以說像企鵝（雖然企鵝有翅膀）一樣，是特化成水棲生活的鳥類。事實上，在曾是離海岸線 300 公里以上的海相地層中，找到過西方鳥的化石。

體長 1.5 公尺，和現代的大型鳥類差不多。實際上，同樣以在水中生活為主的現代企鵝類，體長極限最多大概也是 1.5 公尺。但是並不是體型越大「地位」就越高，對於在西部內陸海道的掠食者來說，西方鳥是非常好的獵物。在滄龍類或是鯊魚類化石的胃部，就曾找到西方鳥的殘骸。

其他地方的西方鳥請不要碰觸喔！因為這種鳥的嘴巴裡面可是有著密密麻麻的牙齒啊。

Pteranodon longiceps

長頭無齒翼龍

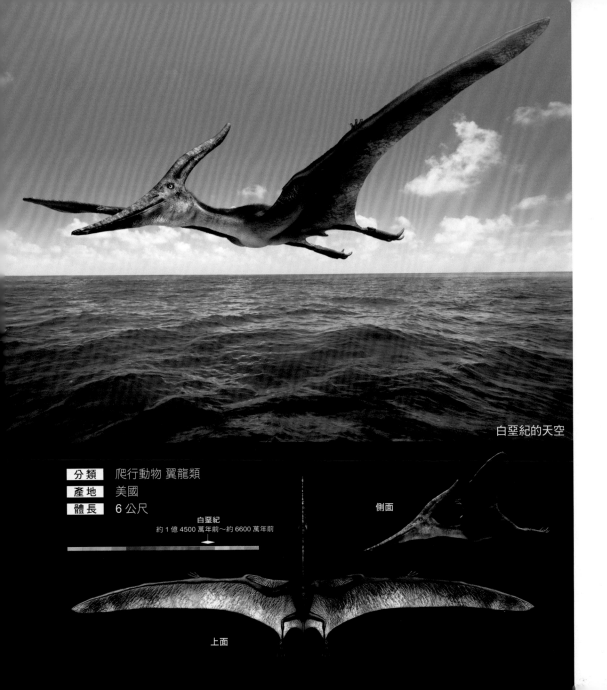

白堊紀的天空

分類	爬行動物 翼龍類
產地	美國
體長	6 公尺

白堊紀
約 1 億 4500 萬年前～約 6600 萬年前

側面

上面

　　在「翼龍」的類群中，知名度最高的應該就是長頭無齒翼龍（*Pteranodon longiceps*），說是翼龍類的代表種也不為過。

　　無齒翼龍的化石，很多是在離海岸很遠的海相地層發現，而且幾乎都是成熟的個體。由此可見成熟的無齒翼龍飛行距離相當遠，應該是能很巧妙地運用大翅膀迎風飛行。

　　如果能夠迎風飛行，必然也能飛到很高的地方。

　　如果牠生存在現代，高樓大廈的屋頂說不定是最佳的起飛場所。想要飛到屋頂，就要懂得藉助上升氣流，若是借用現代文明利器，那就是搭「電梯」囉。

　　「上樓嗎？我們也要搭。」

　　結束遠距離飛行歸來的無齒翼龍，搭上電梯會是什麼狀況。把翅膀收折起來，可以剛好擠進去……應該吧！

　　目前可以確認最大的長頭無齒翼龍個體為 7 公尺。另一方面，也發現了相當多頭後部的頭冠不發達、翼展長為 4 公尺左右的小個體化石。因為小個體很多，推測小個體是另一個性別——頭冠大的是雄性、頭冠小的是雌性。

191

Velociraptor mongoliensis

蒙古迅掠龍

分類 爬行動物 恐龍類 蜥臀類 獸腳類
產地 蒙古
體長 2.5 公尺

白堊紀
約 1 億 4500 萬年前～約 6600 萬年前

側面

正面

白堊紀的陸地

「喂！拜託不要來搗亂。啊？你說已經洗過澡，很乾淨所以沒關係？不是這個問題啦！你老實一點好不好。」

有兩隻恐龍興沖沖的看著廚師，牠們是學名蒙古迅掠龍（*Velociraptor mongoliensis*），體長 2.1～2.5 公尺、體重 20～25 公斤、身高 50～60 公分左右的小型恐龍。

「迅掠龍」在「廚房」——很多恐龍迷一聽到這個關鍵字一定會會心一笑。沒錯，說到「廚房大麻煩」，就是知名電影《侏羅紀公園》（1993 年上映）的場景。莉絲和提姆姊弟倆，被兩隻迅猛龍追趕的場景就是無人的廚房。

奇怪？這隻恐龍怎麼比電影裡的還小？……已經是快 30 年前的電影，難道是記錯了？

事實上電影中出現的「迅猛龍」原型並不是「迅掠龍」，而是更大型的近緣種——化石產自北美洲的「恐爪龍」。請再跟第 158 頁的恐龍比較看看，哪一隻比較接近「迅猛龍」呢？即便如此，這系列的電影都是以「迅猛龍」來稱呼，有點怪。

但是說到輕巧敏捷的恐怖獵人，還是非牠莫屬。廚師大人，還是別讓牠等太久，趕快拿點東西餵牠吧。

Protoceratops andrewsi

安氏原角龍

白堊紀
約 1 億 4500 萬年前～約 6600 萬年前

上面

側面

正面

白堊紀的陸地

　　如果要選一隻恐龍一起住，哪一種比較好呢？要一眼就看得出來是「恐龍」（這很重要）、要有一定的大小、能安心讓牠跟孩子「兩個人獨處」……。

　　如果你想要找符合以上條件的恐龍，安氏原角龍（Protoceratops andrewsi）也許是不錯的選擇。

　　被歸類在「角龍類」的恐龍，是頭部有著大褶邊的四足步行恐龍，即使是「對恐龍不熟悉的人」看到了，也會馬上知道是「恐龍」。角龍類就是恐龍類群中也相當具有知名度的三角龍（參照第 246 頁）所屬的類群。

　　大小就如同你所見。對於有「恐龍是龐然大物」印象的人來說，恐怕會無法接受這種尺寸（可能會說：怎麼這麼小隻啊）。

　　由於是植食性，所以襲擊人類（獵捕）的可能性也很低。原角龍至少在幼體時，有成群結隊的可能性，也就是有團體生活的經驗。所以在「管教」這方面有加分。

　　你看，說不定這樣的生活正等待著你。孩子靠在休息中的寵物原角龍身上，正讀著繪本，多麼溫馨令人會心一笑的場景啊。每戶人家都養一頭原角龍，如何？

Oviraptor philoceratops

嗜角竊蛋龍

分類	爬行動物 恐龍類 蜥臀類 獸腳類
產地	蒙古
體長	1.6 公尺

白堊紀
約 1 億 4500 萬年前～約 6600 萬年前

側面

正面

　近年來萬聖節在世界各地都有專屬的「裝扮日」，似乎過節已成為習慣。而在發源地美國，還會結合慶祝豐收，孩子們做各種裝扮並且四處「Trick or Treat」地要糖果。

　一群孩子走累了正在休息，一隻恐龍也跑了過來。

　應該是想要孩子們的糖果吧。

　在孩子面前默默蹲下身的恐龍是嗜角竊蛋龍（*Oviraptor philoceratops*）。

　「*oviraptor*」就是「偷蛋」的意思。

　啊？名字這麼不正經的恐龍，怎麼可以靠近我們家孩子?!

　可能有些家長會大為緊張，馬上就想把這隻恐龍趕走。

　不過請安心，這完全是個誤會。

　的確當初竊蛋龍的化石，是在原角龍（第 194 頁）蛋的巢穴旁邊被發現，所以才命名為「偷蛋」。但是經過研究之後，發現這其實是竊蛋龍自己的巢，牠正在孵蛋。

　如果在竊蛋龍孵蛋時去接近牠的確十分危險，牠可能會為了保護孩子而大發雷霆。但是像這次牠是自己走過來，就放心的讓孩子去應對，這也是一種機會教育。

Archelon ischyros

威武古巨龜

白堊紀的海洋

分類	爬行動物 龜類
產地	美國
殼長	2.2 公尺

白堊紀
約 1 億 4500 萬年前～約 6600 萬年前

正面　　　　　　　　側面

　進到游泳池裡，要特別注意水池底部。因為說不定會有巨大的烏龜——威武古巨龜（*Archelon ischyros*）就潛在裡面喔！

　古巨龜基本上是「溫柔的烏龜」，至今還沒聽說過有襲擊人類的紀錄。所以不要去驚擾牠，就好好的欣賞牠龐大的身軀吧。

　根據「紀錄」，古巨龜是「史上最大的龜」。距離 1896 年發現化石到現在，已經經過一個世紀，但是目前為止還是沒有比牠更大的龜類化石，連現生種也沒有。

　當時將北美大陸分成東西兩邊的南北細長海洋「西部內陸海道」，孕育著很多的生命，現在人們在這片海域找到了很多的海棲動物的化石，古巨龜也是其中之一。

　但是古巨龜除了西部內陸海道之外，其他地方並沒有找到。海龜通常分布區域很廣，但古巨龜的棲息地卻僅限一處，所以有人認為牠不太會游泳。若想在泳池飼養古巨龜，記得要找大一點、深一點的喔！

Lythronax argestes

南風血王龍

分類	爬行動物 恐龍類 蜥臀類 獸腳類 暴龍類
產地	美國
體長	7.5 公尺

白堊紀
約 1 億 4500 萬年前～約 6600 萬年前

側面

正面

白堊紀的水邊

「那你要如何提高銷售量？」

南風血王龍（*Lythronax argestes*）一起參加促銷案會議。具有恐怖、凶暴象徵的血王龍，為了融入人類社會，究竟會提出什麼銷售方案呢？

根據「紀錄」血王龍被歸類於暴龍類，是美國最古老的種類（本書執筆當下的資訊），約莫於 8000 萬年前登場，比大家熟知的霸王暴龍（第 248 頁）還要早 1000 萬年。

以體長來看，血王龍 7.5 公尺的長度在暴龍類中絕對稱不上大（也有一說是 5 公尺）。相較於霸王暴龍、勇士特暴龍（第 216 頁）、華麗羽暴龍（第 146 頁）來說是小的。但「大小並非絕對」，如果是放在五彩冠龍（第 88 頁）、奇異帝龍（第 130 頁）旁邊，那就是大的。

血王龍算是不大不小的暴龍類。但是其頭骨和衍生型的暴龍類——霸王暴龍、勇士特暴龍很像，都屬於寬度、高度較高的一類。擁有又寬又高的頭骨的暴龍類，在南風血王龍之後逐漸增加。

Parasaurolophus walkeri

沃氏副櫛龍

白堊紀的森林

分類	爬行動物 恐龍類 鳥臀類 鳥腳類
產地	美國 加拿大
體長	7.5 公尺

白堊紀
約 1 億 4500 萬年前～約 6600 萬年前

正面　　　　側面

　「今晚有一位非常優秀的低音來到現場，讓我為大家介紹，牠就是鳥腳類的沃氏副櫛龍（*Parasaurolophus walkeri*）先生。」

　三人一頭開始合奏，你有聽到悠揚的音樂嗎？

　如果真有那麼一天，一半恐龍類復活獲得高智商，能和人類共同參與藝文活動，沃氏副櫛龍一定是絕佳的音樂家。因為這隻恐龍有超過 1 公尺的細長型頭冠，而且內部與鼻腔相連形成空洞，空氣透過空洞就能發出類似雙簧管的低音。

　在本書所介紹的恐龍中，副櫛龍與第 230 頁的王室埃德蒙頓龍是近緣種，幾乎生長於同一個時期及區域，都屬於「鴨嘴龍類（hadrosaurs）」。根據「紀錄」，鴨嘴龍類正是白堊紀非常興盛的植食性恐龍。

　鴨嘴龍類又分為「狹義的鴨嘴龍類」與「賴氏龍類（lambeosaurs）」。埃德蒙頓龍是前者的代表性種類，而副櫛龍就是後者的代表。兩個類群的身體尺寸相差無幾，但是如同所見，後者最大的特色就是有「頭冠」。

Deinosuchus riograndensis

格蘭德恐鱷

白堊紀的水邊

分類	爬行動物 鱷類
產地	美國 墨西哥
體長	12 公尺

白堊紀
約 1 億 4500 萬年前～約 6600 萬年前

上面

正面　　側面

「不能走這條路！車輛禁止通行！」

「為什麼？你看了就知道了呀！這不是有隻格蘭德恐鱷（*Deinosuchus riograndensis*）正在過馬路嗎？不要刺激牠，趕快繞道、繞道～」

將交通號誌全部轉為紅燈，至少先封鎖車道吧。

的確如果是恐鱷在過馬路，不要說什麼刺激，以物理上來說，車輛根本就過不去啊。

格蘭德恐鱷是鱷類中數一數二的大個頭。12 公尺的尺寸以恐龍類來說，可與霸王暴龍（第 248 頁）相匹敵。

為什麼會長這麼大呢？

理由之一就是「長壽」。根據分析某個個體的骨齡，竟然超過 50 歲。「50歲」這個年紀不要說是恐龍，跟其他鱷比較都很長壽。而且 50 年之中，有 35年是成長期，成長期結束後仍會持續緩緩生長。

根據「紀錄」，恐鱷是恐龍時代代表性的「巨鱷」，也發現到有襲擊恐龍的證據。

Champsosaurus natator

游泳鱷龍

白堊紀的水邊

分類	爬行動物 鱷龍類
產地	美國 加拿大
體長	1.5 公尺

白堊紀
約 1 億 4500 萬年前～約 6600 萬年前

上面

正面　　　側面

「你果然就是這種形狀的呢～」

女孩畫出了一個愛心形狀。樣子有點害羞斜眼瞧著女孩的動物，乍看之下像鱷，但並不是鱷。牠的學名是游泳鱷龍（*Champsosaurus natator*），是內行人都知道的爬行動物——「鱷龍」代表性的種類。

看起來像鱷的這隻動物，和鱷有幾個地方不一樣。其中一個是頭後部的形狀。鱷龍類從正上方看的時候，頭後部會呈心型。

沒錯，這個女孩是把鱷龍的頭後部畫得比較誇張，並不是在示愛（所以不用害羞啦）。

根據「紀錄」，鱷龍類出現於侏羅紀中期，一直延續到白堊紀、古第三紀、新第三紀，是非常「長壽」的類群。雖然游泳鱷龍只生存於白堊紀，但鱷龍屬本身直到古第三紀都還有存續的種。

雖然鱷龍是如此「長壽」的類群，但是有關牠們的一切還是個謎。發掘出的標本很少，無法很系統性的歸類。

如果遇到野生的鱷龍類，不管你要示愛或是送禮，反正就是先留住牠，然後趕緊連絡研究單位。

Saichania chulsanensis

庫爾三美甲龍

分類	爬行動物 恐龍類 鳥臀類 覆盾甲類 甲龍類
產地	蒙古
體長	5公尺

白堊紀
約 1 億 4500 萬年前～約 6600 萬年前

上面

側面

正面

白堊紀的陸地

　那個……「恐龍停車費」多少錢呢？

　甲龍類相較於其他恐龍類，重心較低、較穩定，所以一起散步時，可以坐在牠們的背上。很多廣告都主打「散步最佳夥伴」，你應該也認識牠吧！

　的確以全身的比例而言，身高是比較矮，應該沒有比牠更適合在街上悠閒散步的恐龍了。

　但是因為體型較為寬胖，可能無法進入大部分的店舖或住家，這個時候要讓牠在附近等待，那就需要利用「停車場」了。

　一般停車場有大型車 NG、小型車 OK 等等相關規定，庫爾三美甲龍（ *Saichania chulsanensis* ）的話，只要普通車輛的空間即可。停車費……不對，是「停龍費」，應該跟一般小型車一樣囉。雖然要經過很多的訓練，諸如

「不要跟陌生人走」「不可以吃陌生人給你的東西」「不要甩尾巴傷到隔壁的車」（全部都是指「街道騎乘恐龍」），如果能夠克服這些，那在街上散步就完全沒有問題了。

　在此是以「庫爾三美甲龍」的名稱介紹此種恐龍，但在學術界有可能是認定為其他種類。想購買此種恐龍之前，請注意最新情報。

Deinocheirus mirificus

獨特恐手龍

白堊紀的陸地

分類	爬行動物 恐龍類 蜥臀類 獸腳類
產地	蒙古
體長	11 公尺

白堊紀
約 1 億 4500 萬年前～約 6600 萬年前

正面　　　側面

　　從小巷道緩緩走出一隻大型恐龍，有著可以窺看二樓房間的身高、長長的手臂、背部高高隆起。差點要勾到洗好的衣物的這隻恐龍，學名是獨特恐手龍（*Deinocheirus mirificus*）。

　　「*deinocheirus*」的意思是「恐怖的手」。如同其名，長達 2.4 公尺的長手臂是這種恐龍的一大特徵。1960 年代先發現了長手臂的化石，直到 21 世紀其他部位的化石才被發掘出來，因此恐手龍過去曾被稱為是「20 世紀最大謎團」。2014 年發表的學術論文才終於說清楚牠的形貌。

　　11 公尺的數字是相當於霸王暴龍（第 248 頁）的巨大身形。這種大型種類的恐手龍被分類在「似鳥龍類（Ornithomimosauria）」。此一類群的恐龍還有第 212 頁氣腔似雞龍、第 242 頁急速似鳥龍。「似鳥龍類」的恐龍又被稱為「鴕鳥恐龍」，以快跑能力著稱。雖然恐手龍同屬於似鳥龍類，但是卻有著與「快跑」無法聯想在一起的身形。雖然形貌這個「最大謎團」已經解開，但是現在牠仍是謎團很多的恐龍。如果你在街頭遇到牠，請好好的仔細觀察。幸好牠並不是那麼的凶暴。

Gallimimus bullatus

氣腔似雞龍

白堊紀的陸地

分類	爬行動物 恐龍類 蜥臀類 獸腳類
產地	蒙古
體長	6 公尺

白堊紀
約 1 億 4500 萬年前～約 6600 萬年前

側面

　　如果要選一種恐龍當旅伴，氣腔似雞龍應該非常適合。小巧的頭、長長的脖子、俐落的長腳，和鴕鳥非常相像。實際上氣腔似雞龍（*Gallimimus bullatus*）和第 242 頁急速似鳥龍都是被稱為「鴕鳥恐龍」的「似鳥龍類」。

　　似雞龍有著「恐龍界飛毛腿」的名號。本來似鳥龍類，除了第 210 頁獨特恐手龍之外，很多都是健步如飛。在這之中，又以似雞龍的體型最大，比其他種類大上 1～2 倍，也就是說步伐跨距比較大。

　　而且似雞龍的腳部構造特殊，骨骼具有一定程度的柔軟性，能提高吸收衝擊的能力，就像是穿了一雙性能卓越的跑鞋般。

　　步伐寬、腳部吸收衝擊力高，因此被認定似雞龍跑得最快。外出旅遊，尤其是跑山路的行程，牠可以跟著跑完全沒問題。

　　沒錯，似鳥龍是植食性動物，所以休息的時候，別忘了給牠水和蕨類之類的柔軟樹葉。

Therizinosaurus cheloniformis

龜形鐮刀龍

白堊紀的陸地

分類	爬行動物 恐龍類 蜥臀類 獸腳類
產地	蒙古
體長	10公尺

白堊紀
約1億4500萬年前～約6600萬年前

正面　　　　　側面

「辛苦了！休息一下就回家吧！」

來幫忙做麥草捲的是龜形鐮刀龍（*Therizinosaurus cheloniformis*）。

鐮刀龍是頭小、脖子長、身材胖嘟嘟的恐龍。雖然被歸類在肉食性恐龍所屬的獸腳類，但是卻是植食性恐龍。順道一提，雖然說牠「胖嘟嘟」，但實際上不是「胖」，裡面不是脂肪，而是長長的腸子。也就是說，吃下肚的植物需要長時間消化。

牠最大的特徵是長手臂前面有長長的爪子，長度在恐龍界可說是名列前茅。但是長爪並不銳利，而且是呈直線狀，並不適合切割獵物。

究竟長爪有何用途，目前尚未有定論。因為不適合切肉，所以就判斷牠是植食性。真是個謎團之爪。

……話雖這麼說，但是做麥草捲時正好能派上用場，這個農場經常都會請鐮刀龍來幫忙。近年來像這樣找鐮刀龍來製作麥草捲的農家越來越多，甚至某些地區還有好幾間農場「共同擁有」一隻鐮刀龍。

不過很可惜，在現實世界不管到哪個有麥草捲的地方，都看不到鐮刀龍……應該啦！

Tarbosaurus bataar

勇士特暴龍

分類	爬行動物 恐龍類 蜥臀類 獸腳類 暴龍類
產地	蒙古
體長	9.5 公尺

白堊紀
約 1 億 4500 萬年前～約 6600 萬年前

側面

正面

白堊紀的陸地

　　鴨川沿岸的情侶是京都的特殊風景。一對對間隔分開席地而坐的畫面，讓人不禁莞爾一笑。

　　……他們背後有一隻恐龍在散步，牠是勇士特暴龍（*Tarbosaurus bataar*）。亞洲最具代表性的大型肉食性恐龍。

　　情侶們都太忘我了嗎？

　　為什麼沒有趕快逃跑？

　　別急別怕，這隻恐龍看起來肚子飽飽的，完全沒有要攻擊人類的意思。牠只是在河邊吹著涼風，一邊享受晚餐後的散步。

　　特暴龍是亞洲最大的肉食性恐龍。大大的頭部，只有兩根指的前肢，與北美的霸王暴龍（第 248 頁）非常相像，實際上也是近緣種。

　　但是相較於霸王暴龍，體長短 2 公尺以上，寬度也較窄，當然體重也較輕。勇士特暴龍比牠還小了一圈。

　　雖說比較小，如果遇到肚子餓的傢伙，還是要小心，畢竟他是霸王暴龍的近緣種。

　　勇士特暴龍以「亞洲最強」為人所知。在談情說愛之際，或是專心傾聽鴨川流水聲之時，也別錯過近距離接觸特暴龍的機會。

Nanaimoteuthis hikidai

匹田氏納奈莫烏賊

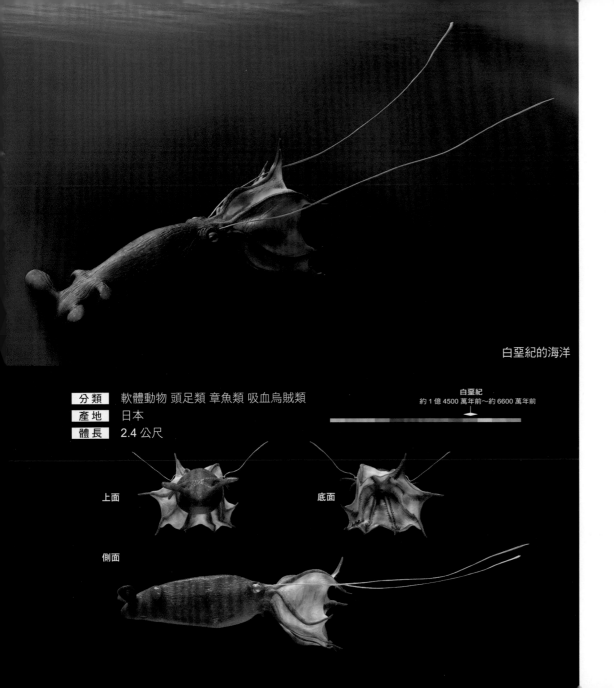

白堊紀的海洋

分類	軟體動物 頭足類 章魚類 吸血烏賊類
產地	日本
體長	2.4 公尺

白堊紀
約 1 億 4500 萬年前～約 6600 萬年前

上面

底面

側面

拖著疲倦的身體入住飯店，什麼都不想做，只想倒頭躺在床上——很多出差的人都有這種經驗吧！今天這間飯店的房間相當不錯，床鋪很大，正想著「可以好好休息」的時候……已經有客人搶先一步。

攤在床上的是匹田氏納奈莫烏賊（*Nanaimoteuthis hikidai*），屬於吸血烏賊類。一般所知的吸血烏賊全長大約 15 公分，但是納奈莫烏賊有 16 倍長。這種尺寸不光是吸血烏賊，就算對包含章魚在內的八腕類來說，都是格外的驚人啊。

納奈莫烏賊的化石，和羽幌烏賊（第 186 頁）都是在相同的地層被發掘。也就是根據「紀錄」，這隻巨大的吸血烏賊類，是和羽幌烏賊生活在相同時代的北海道（當時是海底）。

當然吸血烏賊類、章魚類、烏賊類都是軟體動物，很難留下全身性的化石。以納奈莫烏賊來說，只有發現顎（嘴）的化石。

如果你入住的房間床鋪被納奈莫烏賊占據……要一起睡嗎？我看，還是馬上打電話給櫃檯吧？

Didymoceras stevensoni

史氏對角菊石

白堊紀的海洋

分類	軟體動物 頭足類 菊石類
產地	美國 法國
殼高	25 公分

白堊紀
約 1 億 4500 萬年前～約 6600 萬年前

上面　　　　　　正面　　　　　　側面

偶爾也想喝杯紅酒。

一邊看著紅酒陳列架，竟然有個沒見過的⋯⋯海螺（？）。

「這是什麼啊？」

不加思索地伸手去拿，結果是黏在酒瓶上。

「哇！客人，您真是太幸運了！原來還有剩啊。這是對角菊石紅酒，限定品，最後一瓶囉！」

店員這麼說。

菊石？看我滿臉問號，店員一邊走近一邊繼續說。

「是菊石喔！雖然看起來像是很特殊的海螺，不過是如假包換的菊石。」

會有這種對話嗎？⋯⋯應該不會吧。

酒瓶上的史氏對角菊石（*Didymoceras stevensoni*）也算是「異常捲曲菊石」之一。尤其是上半部看起來很像海螺，但是菊石和海螺內部的構造並不同。以海螺來說，軟體部是一直延伸到貝殼最裡面，而菊石的軟體部只有殼口的部分而已，後面的殼體有隔板分成好幾個小室。菊石就是靠調整小室內的液體，來控制在水中的浮力。

除了史氏對角菊石之外，該類菊石還有好幾個種，有些已確認原產地在日本。不過在現實世界中，不論哪一國，都應該不會有買紅酒送菊石這種事。

Pravitoceras sigmoidale

乙狀彎曲菊石

白堊紀的海洋

分類	軟體動物 頭足類 菊石類
產地	日本
殼高	25 公分

白堊紀
約 1 億 4500 萬年前～約 6600 萬年前

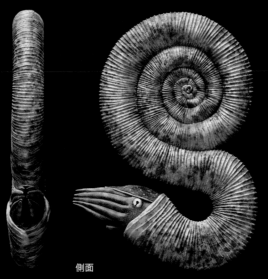

正面　　　側面

說起「棒棒糖」，可是孩提時候的夢想啊。如果可以盡情地舔完一支超大的棒棒糖該有多好……

而會讓人回想起童年時期「夢想」的就是乙狀彎曲菊石（*Pravitoceras sigmoidale*）。如果外殼有顏色的話，那就會是這副模樣。「S（乙）」形最外圈可以當成糖果棒，拿起來很順手，如果不小心搞錯拿來舔，有人會怪你嗎？才不會呢！

彎曲菊石也是異常捲曲菊石之一。一開始是有點塔狀，中間正常，最外圈又「異常化」，是非常有特色的菊石。

根據研究指出，彎曲菊石是對角菊石（第 220 頁）的衍生種類。將對角菊石上半部立體的部分平面化，再垂直立起就會變成彎曲菊石。

乙狀彎曲菊石是日本特有的菊石，產地為淡路島，與北海道的日本菊石並稱為日本代表性的異常捲曲菊石。因此有些化石愛好者會以「北日本、西彎曲」來稱呼（但是最近北海道也有找到彎曲菊石的化石）。

即便如此，牠還是好適合棒棒糖的造型。正在閱讀本書的糖果廠商們，有沒有興趣商品化啊？

MUKAWA RYU

鵡川龍

白堊紀的海洋（被沖走）

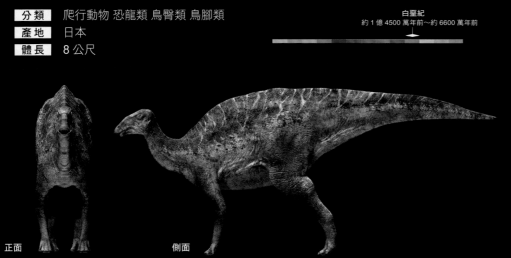

分類	爬行動物 恐龍類 鳥臀類 鳥腳類
產地	日本
體長	8 公尺

白堊紀
約 1 億 4500 萬年前～約 6600 萬年前

正面　　　　側面

每年 7 月，很多人都會造訪薰衣草田。一整片紫色的地毯，難以言喻的壯觀景緻。

今年來了稀客，牠們是鵡川龍，體長 8 公尺，四足步行的植食性恐龍。與第 230 頁的王室埃德蒙頓龍是近緣種，但牠是在北美，而鵡川龍在日本。

鵡川龍跟薰衣草田非常匹配。如果小心一點不要被踩到，牠們是不怎麼危險的恐龍，說不定有機會可以一起拍張紀念照。

「現實世界」的鵡川龍，化石（尾巴的一部分）第一次被發現是在 2003 年於北海道鵡川町穗別。之後於 2013 年進行第一次挖掘調查、2014 年第二次挖掘調查，發掘出很多部位。到 2019 年，全身復原骨骼組合完成，全身的化石保存率高達八成。

「全長 8 公尺」的大型種類，還有「八成」的化石保存率，不僅日本產的化石追不上，放眼全世界也不多。此外，在本書撰寫時，尚未發表正式的學名，所以就先以日本統稱代替。這是本書唯一一個特殊案例，牠就是這麼特別的恐龍。

鵡川龍的化石是在過去為海洋的地層中被發現，當時可能是某種原因被沖到海裡。

Phosphorosaurus ponpetelegans

美溪磷酸鹽龍

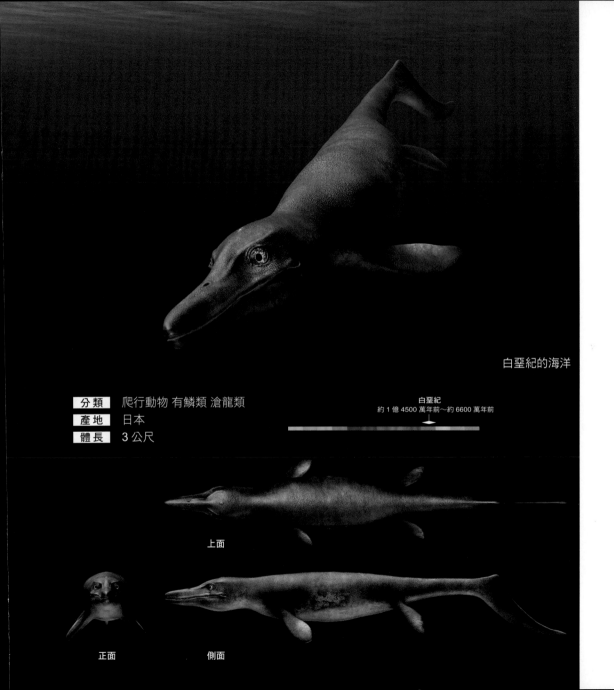

白堊紀的海洋

分類	爬行動物 有鱗類 滄龍類
產地	日本
體長	3公尺

白堊紀
約1億4500萬年前～約6600萬年前

上面

正面　　　　側面

以夕陽為背景拍下海豚的剪影，你在現場的話，一定也會趕緊按下快門吧。真是「如詩如畫」的景緻。

拍完照之後，想再次確認拍照成果，仔細一瞧，怎麼有一隻不太一樣的動物和海豚一起躍出水面。這隻動物是美溪磷酸鹽龍（*Phosphorosaurus ponpetelegans*）。「*ponpetelegans*」這個字眼感覺很拗口，但這正是此化石在北海道被發現的「認證」。這個字是愛奴語「清流」的意思，而化石發現的地名「穗別（hobetus）」的語源也來自於此。這隻有著愛奴語名字的動物是屬於滄龍類。

根據「紀錄」，滄龍類是生存於白堊紀的大型海棲爬行動物，以體長15公尺的霍氏滄龍（參照第238頁）最具代表性。相較之下，美溪磷酸鹽龍算是很小隻了，跟海豚差不多大。

有學者認為美溪磷酸鹽龍是夜行性動物。因為是小型種，夜行性（滄龍類很罕見）應該是為了與同海域的大型種作息分開。

227

Edmontonia longiceps

長頭埃德蒙頓甲龍

白堊紀的森林

分類	爬行動物 恐龍類 鳥臀類
	覆盾甲類 甲龍類
產地	加拿大
體長	6 公尺

白堊紀
約 1 億 4500 萬年前～約 6600 萬年前

上面

正面　　側面

「托你的福，讓我們找到這麼好的甲龍。」

「牠真的很棒，請好好珍惜。我們店裡的售後服務、汽車都很完善，以後也請多多惠顧。」

爸爸和店員用力握了手，今天是期待許久的甲龍交貨日。為了迎接新的家族成員，全家人都一起到經銷車行：「以後不管是大街小巷、上山下海，整個家族會跟長頭埃德蒙頓甲龍（*Edmontonia longiceps*）一起創造許多美好的回憶。現在就算沒有買甲龍，在需要的時候租借的『共享恐龍』服務也很流行喔。」不過以「共創回憶」的角度來看，擁有一隻「我的甲龍」還是很重要的。正因為是「家裡的一分子」，會更加疼愛。父母和女兒的笑容說明了這一切。

埃德蒙頓甲龍最大的特徵，就是由肩膀向外延伸的突起物。很多人因為牠「具攻擊性的外貌」而喜愛，但事實上這些突起物內部空空的，強度並不高。

另外，輕量也是另一個特徵。例如相較於第 240 頁的大腹甲龍，體長就短了 1 公尺，體重也只有一半。

不過很遺憾的是，在現實世界中，不管去哪家經銷車行，都買不到活蹦亂跳的埃德蒙頓甲龍啦。

Edomontosaurus regalis

王室埃德蒙頓龍

白堊紀的森林

分類	爬行動物 恐龍類 鳥臀類 鳥腳類
產地	加拿大
體長	9 公尺

白堊紀
約 1 億 4500 萬年前～約 6600 萬年前

正面　　　　　側面

白堊紀的牛。

有一隻恐龍有著上述的暱稱，牠就是王室埃德蒙頓龍（*Edomontosaurus regalis*）。

埃德蒙頓龍是白堊紀晚期大為繁榮的植食性恐龍，被認為是暴龍之類肉食性恐龍最好的獵物。

牠不像同一時代的植食性恐龍三角龍（第 246 頁）有頭飾或犄角，也不像大腹甲龍（第 240 頁）有「鎧甲」。雖然知道這麼形容可能會被學者罵，但牠真的是「沒有特色的恐龍」。

這樣「沒有特色」的埃德蒙頓龍，有個如同文章開頭所述的暱稱，是因為牠優越的「食植性能」。

現代的牛可以不把堅硬的禾本科植物當一回事，大口咀嚼吞下，有一說認為埃德蒙頓龍也具有一樣的能力。

白堊紀的牛迷路在有很多牛的牧場。廣袤的大地、豐美的牧草和禾本科植物呼喚著牠。究竟埃德蒙頓龍可不可以靠吃牧草活下來呢？很多人正關切著牠的一舉一動。

Albertosaurus sarcophagus

肉食阿爾伯托龍

白堊紀的森林

白堊紀
約 1 億 4500 萬年前～約 6600 萬年前

正面　　　　側面

「您好，請往這邊走。」

女服務生所接待的這隻恐龍，學名是肉食阿爾伯托龍（*Albertosaurus sarcophagus*）。

首先值得注意的是牠前肢的指。

前肢有兩指。

唔？前肢兩指的肉食性恐龍？而且差不多這個大小。⋯⋯會這樣聯想的人的確很敏銳（恐龍迷的各位可能都在想「說這個幹嘛？然後呢」）

這隻恐龍是著名的肉食性恐龍霸王暴龍（第 248 頁）的近緣種。

雖然說是近緣種，但身材小了兩號以上的肉食阿爾伯托龍體長短了 4 公尺，體重不到暴龍的一半，也就是相較於暴龍更為瘦小。體型差異這麼大，假使與暴龍生活在同一個地區，也不太可能爭奪獵物，所以應該是不同棲息地。

話雖如此，以獸腳類來說，牠仍然算是大型種類。當然這間店鋪為了接待這樣的「大型貴賓」，在耐重上有特別設計。為了要和恐龍一起生活，這是必要的考量。

Beelzebufo
ampinga

盾魔鬼蛙

白堊紀的陸地

分類 兩棲類 蛙類
產地 馬達加斯加
體長 41 公分

白堊紀
約 1 億 4500 萬年前～約 6600 萬年前

上面

正面

側面

有隻青蛙非常符合茶室氣氛。恬靜的表情、穩坐的安定感，牠的學名是盾魔鬼蛙（*Beelzebufo ampinga*）。

名字來自「Beelzebub（魔鬼）」一字的這隻青蛙，是體長 41 公分，重達 4.5公斤的大塊頭。在日本，一般被稱為「大青蛙」的牛蛙，體長也不過 20 公分，所以魔鬼蛙已經是超過 2 倍大。連世界上「最大」的非洲巨蛙（*Conraua goliath*），體長也只有 32 公分、體重3.1 公斤而已。這樣比較大家應該就能了解盾魔鬼蛙有多巨大了。順道一提，非洲巨蛙的腳伸長之後，長度可以達到80 公分。由此就可以推測魔鬼蛙的身長了。

根據「紀錄」，魔鬼蛙以「史上最大青蛙」而聲名大噪。牠生活於白堊紀，擅長潛伏狩獵。推測獵物為蜥蜴之類的小動物，也有人認為牠可能會捕食恐龍的幼體。

端坐在女子身旁的魔鬼蛙，究竟有何目的？難道是想喝茶？還是想吃茶點？因為毫無違和感地融入場景中，所以也想拿起茶碗轉動。但，牠要怎麼拿起茶碗呢？

撇開茶道規矩，我還真想看到這幅光景呢。

Quetzalcoatlus northropi

諾氏羽蛇神翼龍

白堊紀的海岸一帶

分類	爬行動物 翼龍類
產地	美國
翼展長	10公尺

白堊紀
約 1 億 4500 萬年前～約 6600 萬年前

側面

上面

　如果……如果籃球比賽的對手是超大型的翼龍，那該怎麼打？牠們龐大的身軀卻意外敏捷，脖子又長……也就是籃下防守很強。大概怎麼投籃都會被牠的大頭給擋落，大大的翅膀皮膜還可以藏球，到底要怎麼搶球啊？

　為了這種狀況，所以要進行模擬訓練，這所國中特地找了諾氏羽蛇神翼龍（*Quetzalcoatlus northropi*）來當教練。究竟牠的建議是否能夠提升學生們的球技呢？

　羽蛇神翼龍是很多超大型翼龍所屬的神龍翼龍類（Azhdarchid）的主要成員之一，是「史上最大等級的翼龍」。

　但是有關羽蛇神翼龍的生態仍然有很多未解之謎，譬如飛行能力。羽蛇神翼龍及近緣種的超大型翼龍，有人認為會飛，也有人認為不會飛。

　後者的見解是認為超大型翼龍可以很敏捷的在地上步行，襲擊包含恐龍幼體在內的小動物。在陸地的生態系是屬「中型掠食者」的角色。

　順道一提，羽蛇神翼龍的名字是源自中美洲的阿茲特克神話裡的「羽蛇神（Quetzalcoatl）」，但是化石的產地並不在墨西哥喔！

Mosasaurus hoffmanni

霍氏滄龍

白堊紀的海洋

上面

正面　　　　側面

世界廣大無垠。在某個地方，有人飼養霍氏滄龍（*Mosasaurus hoffmanni*）當成小船去捕魚。過去在歐洲被稱為「怪獸」的這種動物，在此地是生活不可或缺的「夥伴」。

霍氏滄龍屬於滄龍類，是該類群最具代表性的一種，是光頭部就長達1.6公尺的大型種類。體長15公尺的尺寸，也是最大等級的滄龍類。

根據「紀錄」，霍氏滄龍是「最後演化出現的滄龍類」。在白堊紀後半期約1億年前出現的滄龍類，隨著多樣化、大型化的演進，成為海洋生態系的霸主，而來到顛峰頂點的就是霍氏滄龍。順道一提，這也是化石最早被發現的滄龍類。

霍氏滄龍出現不久後，就發生白堊紀末大滅絕事件，所有的滄龍類都從地球上消聲匿跡。以歷史的「如果（if）」來設想，「如果沒有白堊紀末大滅絕事件」，那應該會出現更大型的滄龍。

如上所述，在現實世界中滄龍已經滅絕。很可惜，全世界各地都不可能有騎乘滄龍這種事。

Ankylosaurus
magniventris

大腹甲龍

分類	爬行動物 恐龍類 鳥臀類 覆盾甲類 甲龍類
產地	美國
體長	7公尺

白堊紀
約 1 億 4500 萬年前～約 6600 萬年前

上面

側面

正面

白堊紀的森林

「甲龍類」！

背部有骨板組成的「裝甲板」，身體寬胖且四肢矮短。

以尺寸而言體重顯得特別重了，但低重心相對穩定。這種堅固牢靠的外型，宛如現代戰車。

與戰車並行的大腹甲龍（*Ankylosaurus magniventris*）就是這種甲龍類的代表。牠的化石是在發掘霸王暴龍（第

248 頁）、直鼻角三角龍（第 246 頁）的同樣地層中被發現，也有不少人就把牠當成「知名的恐龍們」之一，一起記下來。

不過即使牠「宛如戰車」，直接混到演習場裡也太過頭了。到底想做什麼？

的確大腹甲龍是擁有「防禦功能」和「攻擊武器」呢。

背上的裝甲是特別式樣，就像現代的

防彈背心，輕量且強度高，防禦功能值得期待。別忘了尾巴尖端還有骨瘤，可以用來攻擊。

不過骨製的裝甲應該還是敵不過戰車的砲彈，骨瘤應該也無法擊碎戰車的裝甲。為了自身的安全，還是快點離開演習場保命要緊。

Ornithomimus velox

急速似鳥龍

白堊紀的陸地

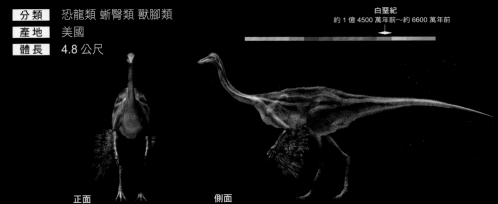

正面　　　　　　側面

「媽媽～鴕鳥群裡面有一隻長得不一樣的！」

帶女兒到鴕鳥牧場，她有了新發現。到底是什麼呢？你應該有注意到站在鴕鳥群裡有隻「不太一樣」的動物吧？

前排有五隻鴕鳥，後排的那一隻……比鴕鳥還大一點。小小的頭、長長的脖子、修長的腿都跟鴕鳥很像，但是……有尾巴！

混在鴕鳥群中的動物，學名是急速似鳥龍（*Ornithomimus velox*），屬於「獸腳類」的恐龍。

會跟鴕鳥搞混也無可厚非。雖然鴕鳥和急速似鳥龍沒有親緣關係，但是急速似鳥龍因為外型也被稱為「鴕鳥恐龍」。急速似鳥龍與其近緣種，在獸腳類中屬於「似鳥龍類」。這個類群的恐龍，基本上都很像鴕鳥，而且也被認為像鴕鳥一樣跑步速度很快。

順道一提，急速似鳥龍雖然不會飛，但是有翅膀。在鴕鳥群中看到有著紅色羽毛的就是牠的翅膀。翅膀只有成體才有，所以這隻應該已經是大人囉！

Pachycephalosaurus wyomingensis

懷俄明厚頭龍

分類	爬行動物 恐龍類 鳥臀類 緣飾龍類 厚頭龍類
產地	美國
體長	4.5 公尺

白堊紀
約 1 億 4500 萬年前～約 6600 萬年前

側面

正面

白堊紀的森林

「糟了，要趕不上電車了！」

快步走向剪票口，這種經驗只要是上班族一定至少會有一次。

……沒錯，「一定會有一次」。也會有這種經驗：滿腦子都是「遲到了怎麼辦」，然後就疏忽應該要注意前方，差點就撞上前面的行人。

在「和恐龍一起生活的世界」，恐龍們或許也會有這種經驗。懷俄明厚頭龍（*Pachycephalosaurus wyomingensis*）體長 4.5 公尺，高約 1.6 公尺，是可以搭電車的尺寸。如果這種恐龍跑步的時候沒有注意前方……那就有點危險了。

因為厚頭龍可是有「石頭恐龍」「腫頭恐龍」之稱。牠可不可以真的使用頭槌？或是頭槌只是用來擺出陣仗？等等，雖然有各種論調，但是牠的確有著會傷人的堅硬腦袋（當然是物理上的意思）啦。

以「石頭恐龍」著稱的這種恐龍，根據「紀錄」是與霸王暴龍（第 248 頁）、直鼻角三角龍（第 246 頁）、大腹甲龍（第 240 頁）生活在同一個時代、同一地區。在這些「名人」之中，牠算是個兒最小的，其他種類想要搭電車就有點難了。

*Triceratops
prorsus*

直鼻角三角龍

白堊紀的森林

分類	爬行動物 恐龍類 鳥臀類 緣飾龍類 角龍類
產地	美國 加拿大
體長	8 公尺

白堊紀
約 1 億 4500 萬年前～約 6600 萬年前

正面　　　　　側面

「好囉！吃飯囉！大家都在嗎？吃多點好長大一點喔！喂～你等一下，按照順序來。」

這是某座牧場的日常風景。這裡同時飼養了牛和直鼻角三角龍（*Triceratops prorsus*）。

這個牧場的經營方針是好好吃、快快長。以此信念飼養下的三角龍，已經長到體長 8 公尺、體重 9 公噸！一注意到體重，才發現牠竟然相當於 15 頭牛的重量。

還好牠很守規矩，不用擔心會失控搗亂。牠等著牛夥伴們進食完畢之後，再輪到自己。

根據「紀錄」，三角龍是白堊紀最末期登場的植食性恐龍。同一時代的肉食性恐龍有霸王暴龍（第 248 頁）。三角龍和牛放在一起顯得很大，但是根本與暴龍沒得比。現在很難想像，當時兩隻巨獸是怎麼打鬥的。

三角龍是角龍類的代表性種類。既是代表性，也是最後出現、最大種類。本書中同屬於角龍的還有比較原始的安氏原角龍（第 194 頁），可以互相對照比較看看。

Tyrannosaurus rex

霸王暴龍

分類	爬行動物 恐龍類 蜥臀類 獸腳類 暴龍類
產地	美國 加拿大
體長	12 公尺

白堊紀
約 1 億 4500 萬年前～約 6600 萬年前

側面

正面

白堊紀的森林

　　在某個東邊的都市，時隔許久又開始放養恐龍。主要著眼點是想要招攬觀光客，所以才開始嘗試。而矚目的焦點，是每天固定放養訓練過的霸王暴龍（Tyrannosaurus rex）。霸王暴龍混雜在步行者之間，悠哉的散步，約一個小時後就回「家」。

　　一開始此舉受到國際媒體注目，最盛時期甚至需要調節好幾個附近車站的出站人數。但是人們的注意力是會轉移的……，這條路上有恐龍，已經成為理所當然的一景。不再有人會為了看暴龍或是拍暴龍而停在路上，暴龍也自然而然地融入人群中了。

　　根據「紀錄」，暴龍是出現在中生代白堊紀末期的肉食性恐龍。體長 12 公尺的數字，雖然不是「最大的肉食性恐龍」，但也算得上是「最大等級的肉食龍」，長 1.5 公尺以上、寬 60 公分以上、高 1 公尺以上的巨大頭部是註冊商標，強壯的下顎和咬合力，在古今中外的陸棲動物中也相當突出。

　　回到現實，暴龍不可能在現代的街道上昂首闊步。如果真的出了什麼差錯發生這一幕，請不要悠閒的在旁邊漫步，趕緊逃命去。跟暴龍在同一個空間，就跟和獅子同處一室一樣危險。

Tyrannosauroidea

暴龍類

華麗羽暴龍
Yutyrannus huali
早白堊世阿普第期（Aptian）
（約 1 億 2500 萬年前～約 1 億 1100 萬年前）

五彩冠龍
Guanlong wucaii
中侏羅世卡洛夫期（Callovian）
（約 1 億 6600 萬年前～約 1 億 6400 萬年前）

奇異帝龍
Dilong paradoxus
早白堊世貝里亞期（Berriasian）
（約 1 億 4500 萬年前～約 1 億 4000 萬年前）

南風血王龍
Lythronax argestes
晚白堊世坎帕期（Campanian）
（約 8400 萬年前～約 7200 萬年前）

霸王暴龍
Tyrannosaurus rex
晚白堊世馬斯垂克期（Maastrichtian）
（約 7200 萬年前～約 6600 萬年前）

肉食阿爾伯托龍
Albertosaurus sarcophagus
晚白堊世馬斯垂克期（Maastrichtian）
（約 7200 萬年前～約 6600 萬年前）

勇士特暴龍
Tarbosaurus bataar
晚白堊世坎帕期～馬斯垂克期（Campanian~ Maastrichtian）
（約 8400 萬年前～約 6600 萬年前）

＜參考資料＞　給想再多了解一點的你

本書執筆之際的主要參考文獻如下。有日文翻譯版本的會以一般較容易取得的日文翻譯版為主。另外，相關網站則是參考專業研究機構、研究者、相關組織、個人經營的網站。請注意網站的資訊為執筆時的資料。本書刊登的年代時間均使用國際地層委員會（International Commission on Stratigraphic Chart）的年代地層表。

【大眾圖書】

《海洋生命 5 億年歷史》田中源吾、富田武照、小西卓哉、田中嘉寬監修；土屋健著；文藝春秋，2018 年出版

《三疊紀的生物》群馬縣立自然史博物館監修；土屋健著；技術評論社，2015 年出版

《侏羅紀的生物》群馬縣立自然史博物館監修；土屋健著；技術評論社，2015 年出版

《小學館圖鑑 NEO 水中生物》白山義久、久保寺恒己、久保田信、齋藤寬、駒井智信、長谷川和範、西川輝昭、藤田敏彥、月井雄二、土田真二、加藤哲哉指導 & 執筆；松澤陽二、
　　楚山勇等攝影；小學館，2005 年出版

《生命史圖鑑》群馬縣立自然史博物館監修；土屋健著；技術評論社，2017 年出版

《好厲害的暴龍》小林快次監修；土屋健著；技術評論社，2015 年出版

《白堊紀的生物 上集》群馬縣立自然史博物館監修；土屋健著；技術評論社，2015 年出版

《白堊紀的生物 下集》群馬縣立自然史博物館監修；土屋健著；技術評論社，2015 年出版

《鱷與恐龍共存》小林快次著；北海道大學出版會，2013 年出版

《TRIASSIC LIFE ON LAND》Hans-Dieter Sues, Nicholas C. Fraser 著；Columbia University Press，2010 年出版

【特展圖錄】

《恐龍 2009 沙漠的軌跡》2009 年，幕張展覽館

《地球最古老的恐龍展》2010 年，NHK

【相關網頁】

Get to know a Dino: Velociraptor. AMNH.

　　http://www.amnh.org/explore/news-blogs/on-exhibit-posts/get-to-know-a-dino-velociraptor

The oldest turtle in the world discovered in Germany. NATURKNDE MUSEUM STUTTGART.

　　http://www.naturkundemuseum-bw.de/aktuell/nachricht/aelteste-schildkroete-der-welt-deutschland-entdeckt

Yale's legacy in 'Jurassic World', YaleNews,

　　http://news.yale.edu/2015/06/18/yale-s-legacy-jurassic-world

【學術論文】

Adolf Seilacher, Rolf B. Hauff, 2004, Constructional Morphology of Pelagic Crinoids, PALAIOS, 19(1), p3-16

Cajus G. Diedrich, 2013, Review of the Middle Triassic "Sea cow" PLACODUS GIGAS (Reptilia) in Pangea's shallow marine macroalgae meadows of Europe, The Triassic System. New Mexico
　　Museum of Natural History and Science, Bulletin 61., p104-131

Chun Li, Nicholas C. Fraser, Olivier Rieppel, Xiao-Chun Wu, 2018, A Triassic stem turtle with an edentulous beak, nature, vol,560, p476-479

Donald M. Henderson, 2018, A buoyancy, balance and stability challenge to the hypothesis of a semiaquatic *Spinosaurus* Stromer, 1915 (Dinosauria: Theropoda). PeerJ 6:e5409; DOI 10.7717/peerj.5409

Emanuel Tschopp, Octávio Mateus, Roger B.J. Benson, 2015, A specimen-level phylogenetic analysis and taxonomic revision of Diplodocidae (Dinosauria, Sauropoda). PeerJ 3:e857; DOI 107717/peerj.857

Espen M. Kuntsen, Patrick S. Druckenmiller, Jørn H. Hurum, 2012, A new species of *Pliosaurus* (Sauropterygia: Plesiosauria) from the Middle Volgian of central Spitsbergen, Norway, Norwegian Journal of Geology, vol.92, p235-258

Fernando E. Novas, 1994, New information on the systematics and postcranial skeleton of *Herrerasaurus ischigualastensis* (Theropoda: Herrerasauridae) from the Ischigualasto Formation (Upper Triassic) of Argentina, Journal of Vertebrate Paleontology, 13:4, 400-423, DOI:10.1080/02724634.1994.10011523

Fiann M. Smithwick, Robert Nicholls, Innes C. Cuthill, Jakob Vinther, 2017, Countershading and stripes in the Theropod Dinosaur *Sinosauropteryx* Reveal Heterogeneous Habitats in the Early Cretaceous Jehol Biota, Current Biology, vol.27, p1-7

Joan Watson, Susannah J. Lydon, 2004, The bennettitalean trunk genera *Cycadeoidea* and *Monanthesia* in the Purbeck, Wealden and Lower Greensand of southern England: a reassessment, Cretaceous Research, vol.25, p1-26

José L, Carballido, Diego Plo, Alejandro Otero, Ignacio A. Cerda, Leonardo Salgado, Alberto C. Garrido, Jahandar Ramezani, Néstor R. Cúneo, Javier M. Krause, 2017, A new giant titanosaur sheds light on body mass evolution among sauropod dinosaurs, Proc. R. Soc. B, 284: 20171219

Josep Fortuny, Jordi Marcé- Nogué, Lluis Gil. Àngel Galobart, 2012, Skull Mechanics and the Evolutionary Patterns of the Otic Notch Closure in Capitosaurs (Amphibia: Temnospondyli), The Anatomical Record, Vol.295, Issue7, p1134-1146

Jun Liu, Shi-xue Hu, Oliver Rieppel, Da-yong Jiang, Michael J. Benton, Neil P. Kelley, Jonathan C. Aitchison, Chang-yong Zhou, Wen Wen, Jin-yuan Huang, Tao Xie, Tao Lv, 2014, A gigantic nothosaur (Reptilla:Sauropterygia) from the Middle Triassic of SW China and its implication for the Triassic biotic recovery, Sci. Rep.4, 7142; DOI:10.1038/srep07142

Long Cheng, Ryosuke Motani, Da-yong Jiang, Chun-bo Yan, Andrea Tintori, Olivier Rieppel, 2019, Early Triassic marine reptile representing the oldest record of unusually small eyes in reptiles indicating non-visual prey detection, Sci. Rep. 9,152

Paul C. Sereno, Hans C. E. Larsson, Christian A. Sidor, Boubé Gado, 2001, The Giant Crocodyliform *Sarcosuchus* from the Cretaceous of Africa, Science, vol.294, p1516-1519

Philip J. Currie, Yoichi Azuma, 2005, New specimens, including a growth series, of *Fukuiraptor* (Dinosauria, Theropoda) from the Lower Cretaceous Kitadani Quarry of Japan. J. Paleont. Soc. Korea, vol.22, No.1, p173-193

Rainer R. Schoch, 1999, Stuttgart, Comparative osteology of *Mastodonsaurus giganteus* (Jaeger, 1828) from the Middle Triassic (Lettenkeuper: Longobardian) of Germany (Baden-Württemberg, Bayern, Thüringen), Stuttgarter Beitr. Naturk, Ser. B Nr. 278 175 pp

Rainer R. Schoch, Hans-Dieter Sues, 2015, A Middle Triassic stem-turtle and the evolution of the turtle body plan, nature, vol.523, p584-587

Sanghamitra Ray, 2010, *Lystrosaurus* (Therapsida, Dicynodontia) from India: Taxonomy, relative growth and Cranial dimorphism, Journal of Systematic Palaeontology, 3:2, p203-221

Saradee Sengupta, Martín D. Ezcurra, Saswati Bandyopadhyay, 2017, A new horned and long-necked herbivorous stem-archosaur from the Middle Triassic of India, Sci. Rep.7, 8366

T. Alexander Dececchi, Hans C.E. Larsson, Michael B. Habib, 2016, The wings before the bird: and evaluation of flapping-based locomotory hypotheses in bird antecedents, PeerJ. 4:e2159; DOI 10.7717/peerj.2159

Tiago R. Simões, Oksana Vernygora, Ilaria Paparella, Paulina Jimenez-Huidobro, Michael W. Caldwell, 2017, Mosasauroid phylogeny under multiple phylogenetic methods provides new insights on the evolution of aquatic adaptations in the group, PlosOne, https://doi.org/10.1371/journal. Pone.0176773

Tomasz Sulej, Grzegorz Niedźwiedzki, 2019, An elephant-sized Late Triassic synapsid with erect limbs. Sciecne, vol.363, Issue6422, p78-80

Torsten M. Scheyer, 2010. New Interpretation of the Postrcranial Skeleton and Overall Body Shape of the Placodont *Cyamodus hildegardis* Peyer, 1931 (Reptilia, Sauropterygia). Palaeontologia Electronica Vol. 13, Issue 2; 15A:15p; http://palaeo-electronica.org/2010_2/232/index.html

索引（依中文筆畫或英文字母順序排列）

〔作者簡介〕

土屋 健 Office GeoPalaeont 代表，科普作家。

生於埼玉縣，金澤大學研究所自然科學研究科碩士（主修地質學、古生物學）。歷任科學雜誌《Newton》採訪編輯、代理部長，之後獨立創業至今。近年著有《古近紀‧新近紀‧第四紀的生物》《史前生物的不思議世界》《如何飼養恐龍》《世界恐龍地圖》《真實尺寸的古生物圖鑑系列》等。

〔日文版監修簡介〕

日本群馬縣立自然史博物館

坐落於以世界遺產「富岡製絲廠」而聞名的群馬縣富岡市，是一座介紹地球與生命的歷史，以及群馬縣豐富自然生態的博物館。創立於 1996 年，以「可以看、可以摸、可以發現」為宗旨。常設展「地球的時代」，可看到體長 15 公尺的圓頂龍的實體骨骼、腕龍的全身骨骼、實體大小的暴龍機器人、三角龍復原及全身骨骼，還有展示三葉蟲進化系統樹、海蠍、有皮膚痕跡的鬚鯨類化石、矢部氏巨角鹿全身骨骼等。其他還有重現群馬縣豐富自然生態的立體透視模型、達爾文親筆書信、南方古猿人等人類化石立體透視模型。除了常設展，每年還有 3 次企畫展。

官網：http://www.gmnh.pref.gunma.jp/

〔中文版審訂簡介〕

單希瑛

台灣大學地質學系暨地質研究所碩士畢業。現任國立自然科學博物館地質學組古生物學門助理研究員。譯有《當三葉蟲統治世界》。合著作品《水中蛟龍：史前水棲爬行動物》。

〔背景圖提供者一覽表〕

P.60　　Office GeoPalaeont
P.96　　（女性）服部雅人
P.114　　服部雅人
P.148　　Office GeoPalaeont

* 上述之外的圖片皆採用 istock 之圖像。

國家圖書館出版品預行編目資料

真實尺寸的古生物圖鑑‧中生代篇 / 土屋健作；日本群馬縣立自然史博物館監修；張佳雯譯. --初版 .-- 臺北市：如何，2020.04
256 面；25.7×18.2 公 分 --（Happy Learning；183）
　　譯自：古生物のサイズが實感できる！リアルサイズ古生物圖鑑‧中生代編
ISBN 978-986-136-546-6（精裝）
1. 古生物 2. 爬蟲類化石 3. 動物圖鑑

359.574　　　　　　　　　　109001713

www.booklife.com.tw　　　　　reader@mail.eurasian.com.tw

Happy Learning 183

眞實尺寸的古生物圖鑑‧中生代篇

作　　者／土屋健
日文版監修／日本群馬縣立自然史博物館
中文版審訂／單希瑛
譯　　者／張佳雯
發 行 人／簡志忠
出 版 者／如何出版社有限公司
地　　址／台北市南京東路四段50號6樓之1
電　　話／（02）2579-6600‧2579-8800‧2570-3939
傳　　真／（02）2579-0338‧2577-3220‧2570-3636
總 編 輯／陳秋月
主　　編／柳怡如
責任編輯／張雅慧
校　　對／張雅慧‧柳怡如‧丁予涵
美術編輯／潘大智
行銷企畫／詹怡慧‧曾宜婷
印務統籌／劉鳳剛‧高榮祥
監　　印／高榮祥
排　　版／莊寶鈴
經 銷 商／叩應股份有限公司
郵撥帳號／18707239
法律顧問／圓神出版事業機構法律顧問　蕭雄淋律師
印　　刷／龍岡數位文化股份有限公司

2020年4月　初版

KOSEIBUTSU NO SIZE GA JIKKAN DEKIRU! REAL-SIZE KOSEIBUTSU ZUKAN CHUSEIDAI-HEN
written by Ken Tsuchiya, supervised by Gunma Museum of Natural History
Copyright © 2019 Ken Tsuchiya
All rights reserved.
Original Japanese edition published by Gijutsu-Hyoron Co., Ltd., Tokyo.
This Traditional Chinese edition published by arrangement with
Gijutsu-Hyoron Co., Ltd., Tokyo
in care of Tuttle-Mori Agency, Inc., Tokyo through Future View Technology Ltd., Taipei.
Traditional Chinese translation copyright © 2020 by SOLUTIONS PUBLISHING,
an imprint of EURASIAN PUBLISHING GROUP.